Tsumami Zaiku Book

Tsumami Zaiku Book

Tsumami Zaiku Book

Tsumami Zaiku Book

Tsumami Zaiku Book

優雅大人風 の
典藏版 和風布花

桜居せいこ◎著

春之花髮梳
HARUNOHANA

→ P89

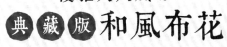

Tsumami Zaiku Book

優雅大人風 の
典藏版 和風布花

角形玫瑰の髪簪＆袖釦
KAKU-BARA

→P91

西洋玫瑰の髮夾&胸針

SEIYOBARA

→P92

5

CONTENTS
*

❀·➚＊↙·❀·↘＊↖·❀·➚＊↙·❀·↘＊↖·❀·↘＊↖

前言

將色彩鮮豔的小片布料捏摺＆重疊，
在不斷重覆的步驟中衍生出小巧派藝術的和風布花，
讓人不禁聯想到如同職人工藝般的傳承氣息。
和風布花在明治大正時期是女校必修的手藝之一，
是一種很貼近日常生活的手工藝！

本書為了讓大家都能夠簡單地享受和風布花的樂趣，
因而使用了在一般手工藝材料行即可購得的材料。
雖說是手工精細的工藝，但也可說是像摺紙一般的容易；
透過反覆的捏摺，即使是初學者也能經由不斷練習而熟能生巧。
首先從一朵小花開始試著作作看吧！
將小花朵集合成束，也能表現出無限大的新意喔！

若你也能如大正時期的女學生們一樣，
一邊聊著天一邊悠閒地將季節花草寄寓於布花中，
充分享受製作和風布花的樂趣，
我將感到十分的榮幸！

桜居せいこ

❀·➚＊↙·❀·↘＊↖·❀·➚

捏撮和風布花の各種基本花形

將小正方形的布料摺疊後捏撮，
單只是這樣簡單的作法，即可完成美麗的花朵。
加上金具後，還能變身為精緻高雅的飾品喔！

圓形小花
MARU-KOBANA

→ P52,93

「晴空之下，盡情地綻放。」

雛菊

HINAGIKU

⊖ P56,93

「馥郁芬芳の早春氣息。」

梅花

UME

⊖P54,57,93

福梅・八重梅
FUKU-UME & YAE-UME

⊖ P58,59,93

櫻花
SAKURA

⊖P54,93,94

「微風輕拂，朵朵花開。」

八重櫻
YAEZAKURA

→P94

「淡紫色的五芒星。」

桔梗
KIKYO

→P55,94

「純淨・嬌羞之美。」

水仙
SUISEN

⊖ P55,94

「集合七色的花朵，如同繡球花一般。」

繍球花

TAMA-AJISAI

⊖P60,94

「綻放於原野の少女花冠。」

球形玫瑰
TAMA-BARA

⊖ P62,95

「端正的花形，層疊出豐富的香氣。」

角形玫瑰

KAKU-BARA

⟶P67,95

「劍形小花，楚楚可憐地綻放。」

劍形小花・松葉菊
KEN-KOBANA & MATSUBAGIKU

⊖ P63,64,65,95

「以優雅配色，交錯出典雅的紋路。」

八重菊

YAEGIKU

→ P66,95

「 凜然の高貴姿態。 」

萬壽菊

MANJUGIKU

⊖P68,95

捏撮和風布花の
飾品&小物

以此頁前的基本單品花朵為延伸，
即可製作出各式各樣的飾品&小物！
本單元將為你介紹各種可愛&富有時尚感的飾品。

瑪格莉特髮夾&胸針
MARGUERITE

→P80

蝴蝶髮夾＆胸針

CHOUCHOU

→ P81,82

大理花提包吊飾
DARIA

⊖P83

大理花手套釦環
DARIA

⊖P83

球形繡球花項鍊＆戒指
TAMA-AJISAI

→P84

球形玫瑰手持鏡
TAMA‑BARA

⊖P85

小菊花隨身藥盒
KOGIKU

→ P85

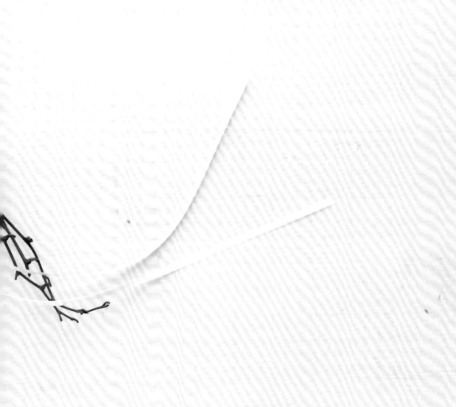

角形玫瑰花圈
KAKU-BARA

→P86

和風紅包袋

POCHI-BUKURO

→P87,88

1ᵉʳ MUSICIEN	. . . .	Geo Laby.
2ᵉ MUSICIEN	. . . .	Berger.
4ᵉ MUSICIEN	. . . .	Lely.
UN OFFICIER	. . . .	Lely.
1ᵉʳ GARDE	. . . .	De l'Hoste.
2ᵉ GARDE	. . . .	Dorliac.
4ᵉ GARDE	. . . .	Lemaire.
1ᵉʳ PROLOGUE	. . . .	Miss Joyce Myers.
2ᵉ PROLOGUE	. . . .	De l'Hoste.
		Mᵐᵉˢ
JULIETTE	. . . .	Andrée Pascal.
DONNA CAPULET	. . . .	Hawkins.
DONNA MONTAIGU	. . . .	Dartigue.
LA NOURRICE	. . . .	Yvonne George.
UNE DAME INVITÉE AU BAL	. . . .	Hewitt.

Mise en scène chorégraphique de Jean Cocteau[1].

Décors mobiles et costumes de Jean Hugo.

Musique de scène
d'après les airs populaires anglais arrangés et instrumentés
par Roger Désormière.

1. J'ai cru devoir laisser quelques indications sommaires de ... se trouve...
sur le manuscrit. Il n'existe malheureusement encore aucune écr... de ce...
le détail chorégraphique d'un mécanisme où rien n'était livre au ...

連枝梅花髮梳
UME-EDA

⊙P74

花串髪簪
KOBANA

→ P76

花串髪簪
KOBANA

→P76,P95

開始製作基本の花形吧！

從本頁起，就要實際製作本書收錄的和風布花作品囉！
先從P8至P23的基本花形開始吧！
從捏摺和風布花的基本功起，
在此將為你仔細地介紹每一步驟。

花の種類

在此將本書作品中的
代表性花朵作成圖鑑，
可見主要皆以圓撮＆劍撮
兩種技法為基礎。

基本
▼
圓撮

圓形小花
→P8,52

▶
花瓣
變化樣式

梅花
→P10,54

櫻花
→P12,54

桔梗
→P14,55

水仙
→P15,55

雛菊
→P9,56

▶
二重圓撮
變化樣式

圓形小花
→P8,93

梅花
→P10,57

桔梗
→P14,94

水仙
→P15,94

雛菊
→P9,93

▶
多段圓撮
變化樣式

福梅（二重二段）
→P11,93

福梅（二重三段）
→P11,58

八重梅（二重三段）
→P11,59

八重櫻（二段）
→P13,94

八重櫻（三段）
→P13,94

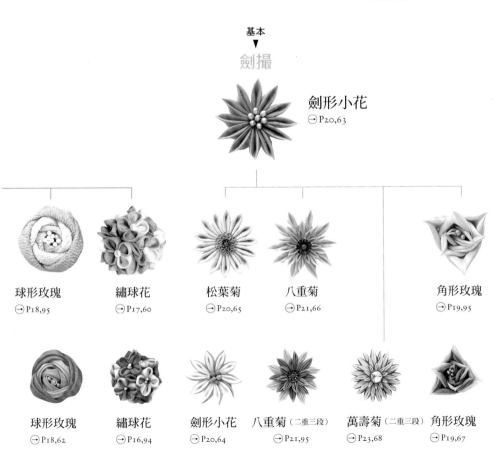

以圓撮＆劍撮兩種技法
就能作出種類如此豐富
的花朵呢！

基本
▼
劍撮

劍形小花
→P20,63

球形玫瑰
→P18,95

繡球花
→P17,60

松葉菊
→P20,65

八重菊
→P21,66

角形玫瑰
→P19,95

球形玫瑰
→P18,62

繡球花
→P16,94

劍形小花
→P20,64

八重菊（二重三段）
→P21,95

萬壽菊（二重三段）
→P23,68

角形玫瑰
→P19,67

葉子・含苞樹枝・花苞

身為配角的葉子＆花苞也可
以使用與花朵相同的圓撮＆
劍撮來表現。

一葉
→P14,70

三葉
→P18,70

三葉
→P19,70

含苞樹枝
→P11,70

花苞1
→P14,71

花苞2
→P11,71

飾品樣本

一種式樣的花朵就能
搭配出多種飾品！

將前篇介紹的花朵加上金具後，就變身成了可愛的飾品。
挑選喜歡的花朵，製作出獨一無二專屬於自己的配件吧！

圓形小花髮夾
→P52

在附有小圓台座的髮夾上裝
飾圓形小花，很適合搭配和
服＆洋服喔！

劍形小花髮束
→P63

以沉穩配色的小花髮束增加
吸睛度，綁個簡單俐落的束
髮就很亮眼囉！

繡球花髮夾
→P60

以色彩鮮豔的繡球花作成髮
夾＆胸針兩用款，就成了搭
配造型的重點配件。

球形玫瑰髮梳
→P62

渾圓可愛的玫瑰髮梳。在製作
中享受色彩搭配的樂趣吧！

角形玫瑰髮簪
→P67

銳角的花瓣充滿了現代感，
相當適合搭配時尚服飾。

萬壽菊鍊墜
→P68

華麗且分量感十足的萬壽菊，
適合作成髮飾＆包包配件。

製作前注意事項

文中標記
「葺」表示將捏摺好的布料放於底座上方。

關於布料
沒有特別標記的布料，請使用中目平織絲質布料（中目羽二重）。
使用其他素材＆絲質布料時的注意事項參見P45。

關於尺寸
作品尺寸僅供參考，實際完成的作品尺寸會依布料＆捏摺法不同而略有差異。

關於工具
作法頁中皆省略了基本工具的手工藝用鑷子、置膠板、澱粉漿糊。

使作業流程更順利的小祕訣
隨時以濕紙巾將鑷子沾到漿糊的地方擦拭乾淨，保持鑷子的乾淨度。

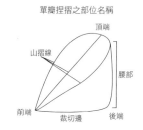

單瓣捏摺之部位名稱
頂端
山摺線
腰部
前端
裁切邊
後端

作業流程

作業流程可分為
5大步驟。

捏摺和風布花的準備工作需要花一點功夫，
以下為基本的5大步驟，
不要怕麻煩，一步一步地完成吧！

STEP 1 ⊖

工具＆材料

備齊基本工具：手工藝用的
鑷子、置膠板、澱粉漿糊。

STEP 2 → P44

裁切布料

和風布花的布料以纖細的材質
居多，裁切時要多加注意。

STEP 3 → P46

製作底座＆黏合於金具上

為了葺上花朵，製作底座是
不可或缺的。在此步驟教學
中學會數種底座的作法吧！

STEP 4 → P51

準備漿糊

在排列＆葺上花瓣時，需要
使用漿糊。請在此確實習得
置膠板的放置＆使用方法。

STEP 5 → P52

製作花朵

此步驟為主要作業。從花瓣
的捏摺到完成，讓這一連串
的步驟變得更加熟練吧！

STEP I 準備工具＆材料

在此列選出和風布花所需要的工具＆材料
皆可在生活百貨及DIY手工藝店家購入。
若能備齊所有項目，將會使作業更加順手便利。

主要工具

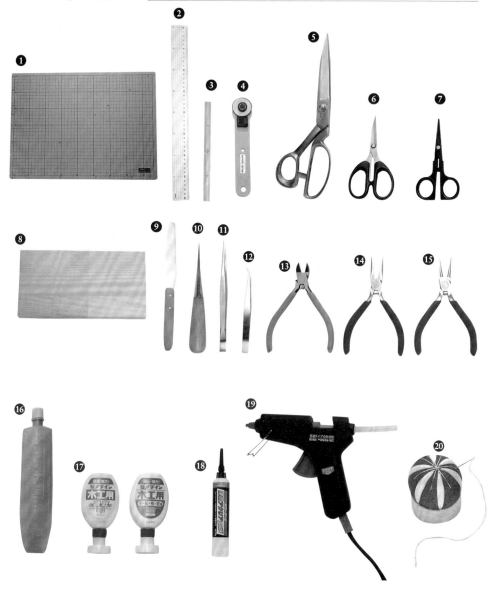

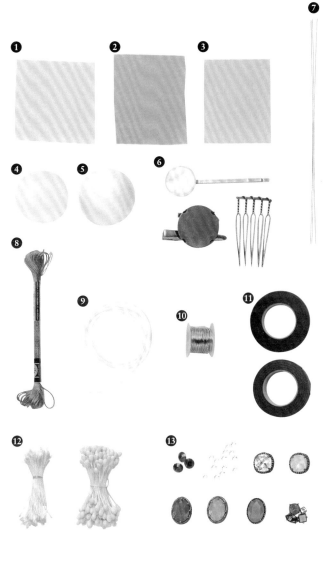

主要材料

主要工具
❶ 裁切墊
❷ 裁切用量尺
❸ 一般量尺
❹ 滾輪式裁刀
❺ 裁布用剪刀
❻ 拼布用剪刀
❼ 手工藝用剪刀
❽ 置膠板（以放置魚板的板子或牛奶盒的背面替代也OK。）
❾ 漿糊刮刀
❿ 木錐
⓫ 手工藝用鑷子（捏摺布料時使用。尖端不彎曲，內側無止滑的鑷子。）
⓬ 尖端彎曲型鑷子（進行裝飾時使用。）
⓭ 斜口鉗
⓮ 平體尖嘴鉗
⓯ 圓體尖嘴鉗
⓰ 澱粉漿糊
⓱ 手工藝用白膠
⓲ 多用途接著劑（水性）
⓳ 熱熔膠槍 & 熱熔膠棒
⓴ 針 & 線

主要材料
❶ 布料（主體用）
❷ 布料（底座用）
❸ 厚紙（將厚紙裁成圓形作成圓形台紙）
❹ 包釦
❺ 保麗龍球
❻ 金具類
❼ 24號紙卷鐵絲
❽ 繡線
❾ 人造絲線
❿ 30號手工藝用鐵絲
⓫ 花藝膠帶
⓬ 人造花蕊
⓭ 裝飾用配件

STEP 2 裁切布料

裁切布料是製作和風布花很重要的步驟，
正確地剪裁能使成品更加完美。

材料
布料（主體用）

工具
裁布剪刀、熨斗、裁切墊、滾輪
式裁刀、裁切用量尺
※布料選擇較裁切墊稍小的尺寸。

1 順著縱向&橫向的布紋扯線。
裁切些許布邊後，拉扯下1至2
條線。

2 以相同作法拉扯下另外三個方
向的線。拉掉線後的痕跡即為
裁切的記號。

3 以剪刀沿著拉線痕跡裁剪。

4 以熨斗整燙布面。

5 對齊裁切墊上的方格紋擺放布
料，容易偏移的布料可以以布
鎮壓住。

6 裁切縱向布紋。一邊緊緊地壓
住量尺，一邊以滾輪式裁刀由靠
近身體的內側往外側按壓裁切。
請保持沿著布紋方向裁切喔！

7 裁切橫向布紋。旋轉裁切墊，
以步驟6相同作法，以滾輪式裁
刀往外側裁切。

8 裁切出正方形布片後，以鑷子
夾取放入盒中。
※步驟5至7，作記號後以剪刀
裁剪也OK。

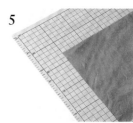

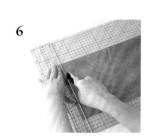

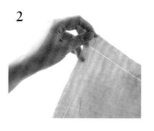

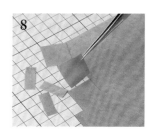

關於布料

本書雖以中目羽二重布料為材料,但基本上,舊絲巾及手帕等,只要是聚酯纖維以外的布料,皆可進行捏摺。但因各種素材不同,各自有其特徵。若希望能更靈巧的運用布料,則需要嘗試接觸各種布料;從試作的失敗中了解每種布料的特性是很重要的。

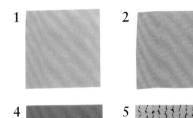

關於厚度

1 輕目羽二重布(輕目平織絲布)
具穿透性,可看到對面的薄質羽二重。適用於較纖細的作品,舞妓的髮簪主要使用此布料(18.53g)。

2 中目羽二重布(中目平織絲布)
密度比輕目羽二重高,是很容易捏摺&染色的絲布,也是本書作品主要使用的布料(22.5g至82.5g)。

3 一越縮緬布
有著細小縐褶的絲布。適合用於想要呈現蓬鬆感&柔軟度的作品上

4 人造纖維
主要用於衣服內裡的布料。也能呈現出如中目羽二重般的纖細感,顏色豐富多樣,很容易購買。

5 和服古布
能表現出現代無法呈現的顏色及織法,令人愛不釋手。但是每一塊古布的顏色特徵皆不同,也可能有不好捏摺的狀況。

6 棉布
適合用於搭配洋服,展現休閒風的和風布花作品。請將布料去漿後再進行捏摺。

關於染色

本書主要使用染色的中目羽二重。若有時間,你也試著挑戰看看染色吧!在此介紹兩種染色方法。

布料的染法

材料
布料(絲布‧嫘縈‧棉布等)、大容器、染料

浸染
將要染色的布料先浸溼。製作染色液後,放入布料攪拌&浸泡,且在水變成透明前不斷地搓揉。若有需要可使用定色劑。

暈染
依淡色到深色的順序來染色。以鑷子將幾片薄質布料一起夾起,在染色液中浸泡一下後,放於吸水性好的紙張上方。深色的部分則以刷毛筆自想染深的部位往淺色的方向刷,再以脫脂棉作出自然的暈染。

※將染好的布料仔細清洗著膠的地方&髒污處。
※染料的使用說明上會註明溫度&濃度的注意重點,請務必細讀後再使用。

左/浸染用的直接使用染料。
右/暈染用的人造花用染料。

STEP 3 製作底座＆組合金具

製作花飾時，準備擺放花瓣的底座是必備的基本項目。
底座可以直接使用，也可以組合於金具上。

四種底座介紹

本書使用的底座主要有四種。依品項不同，搭配使用的底座也不同。

A TYPE 平面圓形底座

在圓形台紙上以布料包覆貼合，再在上方貼上較小的圓形台紙，以便置於附有小圓台的金具上使用。

B TYPE 附鐵絲平面圓形底座

將TYPE・A的圓形平面底座加上鐵絲，使用於無小圓台的金具上。可集合幾組作成花束般的效果。

C TYPE 包釦型底座

接合於碗狀的金具上。如一座平緩的山坡，能簡單地帶出花朵的立體感。

D TYPE 半球形底座

亦可稱作「半球體」，與TYPE・C相同，也適用於碗狀造型的金具。建議用來搭配繡球花等分量感較多的花朵。

將不同種類的底座＆金具組合在一起吧！

以上述四種底座組合金具為例。

A TYPE 平面圓形底座＋金具

將TYPE・A的平面圓形底座與附有小圓台的金具組合在一起。金具種類有：髮夾、髮束、耳環等。

B TYPE 附鐵絲平面圓形底座＋金具

將附鐵絲平面圓形底座與附有小圓台的金具組合在一起。金具種類有：髮梳、U形夾、髮簪等。

C TYPE 包釦型底座＋金具
D TYPE D半球形底座＋金具

在碗狀造型的金具上組合TYPE・C的包釦型底座，或TYPE・D半球形底座。金具種類有：髮夾、胸針、金屬鍊墜底座等。

關於底座的尺寸

「開始製作基本の花形吧！」共使用了三種尺寸的底座。小底座適用於以質地較薄的布料作成的花瓣或小花，大底座適用於二重捏摺＆多段排列的花朵。

※外加於平面圓形底座上較小的台紙，尺寸約為原台紙的60%。

原寸

大：直徑2.5cm　　中：直徑2cm　　小：直徑1.5cm

A TYPE 平面圓形底座的作法＆金具（髮夾）組合方法

材料
布料／依喜好選擇棉布或縮緬布
（裁成比圓形台紙大一圈的正方形）
底座／大＆小圓形台紙 各1片
金具／附小圓台的髮夾 1個

工具
拼布用剪刀、木錐、手工藝用白
膠、接著劑

1 準備材料＆工具，且依照金具
　尺寸大小裁剪圓形台紙。
2 將大圓形台紙塗上白膠，放於布
　料中心。將布料四角裁成圓
　形，以木錐在布料上塗白膠。
3 內摺布料，包覆圓形台紙。
4 以布料包覆圓形台紙。
5 在步驟4的上方貼上小的圓形
　台紙，底座完成。
6 在金具上塗白膠（或多用途接
　著劑）。
7 將步驟5黏合於步驟6上，以手
　指壓緊黏合。
8 金具組合完成，將底座茸上花
　瓣吧！

1

5 底座完成。

2

6

3

7

4

8 金具組合完成。

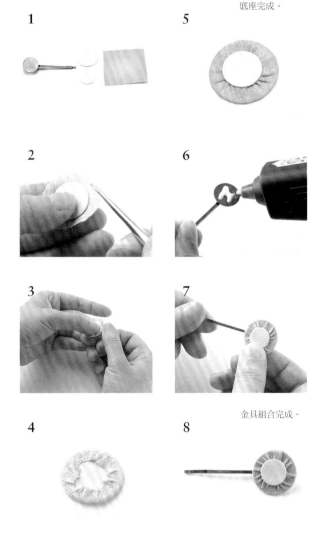

B TYPE 附鐵絲平面圓形底座的作法＆金具（髮簪）組合方法

材料

布料／依照喜好選擇棉布或縮緬布（裁成比圓形台紙大一圈的正方形）

底座／大＆小圓形台紙 各1片、24號紙卷鐵絲 1支

金具／U形髮簪 1個

其他／花藝膠帶 適量

工具

圓體尖嘴鉗、木錐、手工藝用白膠、斜口鉗

1 準備材料＆工具。依P47步驟1至4的作法製作平面圓形底座。

2 以圓體尖嘴鉗將鐵絲一端夾彎成L形。

3 以木錐在步驟1的底座中心打洞後，將洞口處塗上白膠＆穿入步驟2的鐵絲。

4 在步驟3上方黏貼小圓形台紙，底座完成。

5 距離底座根部5mm處，將鐵絲彎摺成L形，調整與U形夾之間的高度。

6 自彎摺處往尾端方向，拉緊花藝膠帶纏繞2cm。

7 以斜口鉗剪去過長的鐵絲。調整底座，使正面朝上。

8 金具組合完成！

1

5

2

6

3

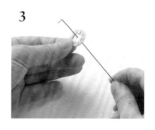

7

4

底座完成。

8

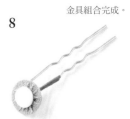

金具組合完成。

B TYPE 附鐵絲平面圓形底座＋金具（髮梳）的組合方法

材料
底座／附鐵絲平面圓形底座 1支
金具／髮梳 1個
其他／花藝膠帶 適量

1 準備材料。
2 將底座對準髮梳中心。
3 以鐵絲纏繞髮梳。
4 底座鐵絲纏繞於髮梳上。
5 使花藝膠帶貼合髮梳底部。
6 依步驟3的作法纏繞膠帶，且
　纏繞於梳齒與梳齒的間隙。
7 底座正面朝上，完成！
8 完成的背面。

1
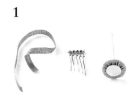

5

2

6

3

7

金具組合完成。

4

8

BACK

開始製作基本の花形吧！

C TYPE 包釦型底座的作法&金具（2way髮夾&胸針）組合方法

材料
布料／依喜好選擇棉布或縮緬布
（裁成比包釦大一圈的正方形）
底座／包釦 1個
金具／2way髮夾&胸針 1個

工具
拼布用剪刀、針與線、接著劑

1 準備材料&工具。包釦依金具
　尺寸來選擇。
2 配合包釦將布料裁剪成圓形。
　在圓的外緣作平針縫後收緊縫
　線，再於縫份上挑針&隨機穿
　線後打結固定。
3 底座完成。
4 在金具上塗白膠（或是多用途接
　著劑），與步驟3的底座接合。
5 使用有固定腳的金具時，以鉗
　子將固定腳往內摺。沒有固定
　腳的金具，以手緊壓黏合即可。
6 金具組合完成。

1

4

2

底座完成。

5

金具組合完成。

3

FRONT　　　BACK

6

D TYPE 半球形底座的作法&金具（金屬鍊墜底座）組合方法

材料
布料／同上
底座／保麗龍球 1個
金具／金屬鍊墜底座 1個

工具
拼布用剪刀、手工藝用白膠、接
著劑

1 準備材料&工具。
2 以白膠將裁半的保麗龍球與布
　料貼合。在周圍塗上白膠，將
　四個角內摺包覆。
3 確認布面沒有皺褶及鬆弛，在半
　乾的狀態下剪去多餘的布料。
4 金具塗上接著劑，與步驟3黏合。

1

3

底座完成。

金具組合完成。

2

4

STEP 4 　準備漿糊

在製作花飾之前先準備好黏合用的漿糊，
選用市售的澱粉漿糊即可。
透過在板子上來回塗抹的動作使漿糊更有黏性＆光澤，
在排列花瓣時就會變得更加容易。

材料
澱粉漿糊

工具
置膠板、漿糊刮刀

1　準備材料＆工具。
2　以刮刀平坦的面用力地左右來
　回塗抹漿糊，持續此動作至漿
　糊出現光澤。較硬的漿糊可以
　加上1至2滴水。
3　將漿糊集中於左側，由左往右
　平均地抹平。薄質布料（羽二
　重）約2mm厚左右，厚質布料
　（縮緬布）則約3mm厚。
4　漿糊準備完成。漿糊請在一個
　半小時內使用完畢。

1

3

2

4

防止捏摺形狀變形

選擇尖端沒有彎曲，內側不含止
滑設計的鑷子。如拿筷子及鉛筆
般，從鑷子下方握住。

1 使用鑷子的注意事項

鑷子＆布料之間若有空隙，
會使造型變形。請想像紙張
沿著量尺往內摺的模樣，沿
著鑷子本體的直線摺疊布
料。特別在是捏摺「腰部」
的時候。

2 放於置膠板上

將捏摺布料的裁切面放於板
子上方，保持左右傾斜、前
端向上的狀態較不易變形。

STEP 5 製作花朵

完成至STEP 4的所有準備工作後，就可以開始進行花朵的捏摺了！
P8至P23介紹的花朵，皆以圓撮＆劍撮為基礎。

基本の圓撮

是最有人氣的捏摺法！以此捏摺法就能夠作出許多種類的花朵，請扎實地熟練製作技巧吧！

圓形小花

→ P8　成品尺寸 寬3.7cm

材料
布料／花瓣（油菜花色）2.6cm正方形×10片
底座・金具／平面圓形底座（直徑2cm）1個、附小圓台髮夾 1支※
花蕊／粒束型・人造花蕊（白色）1束（作法參見P73）

工具
手工藝用白膠
※可依製作品項不同，改變底座＆金具。

1 準備材料＆工具，且將底座＆髮夾黏合（P47）。
2 以鑷子夾住布料的對角線，摺成三角形。
3 在步驟2的中央稍微偏上的位置，以鑷子夾住。
4 以鑷子夾住布片倒向步驟4的箭頭方向，摺出四片重疊的三角形。此時，拿著鑷子的手與另一隻手合作並用，會比較容易完成。

開始製作
圓形小花髮夾囉！

1

2

摺雙線

3

90°

4

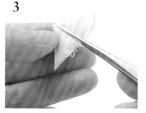

5

90

6

7

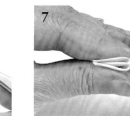

8

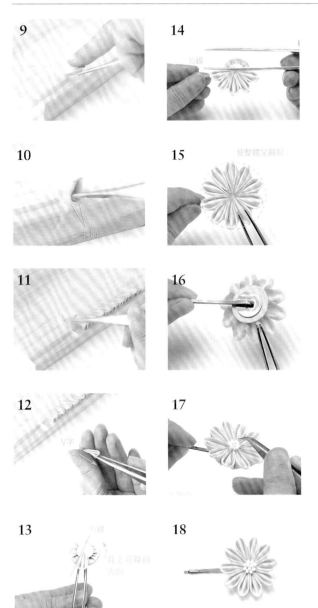

9

10

11

12

13

14

15 使整體呈圓形

16

17

18

5 抽出鑷子，在三角形中央稍微偏上的位置，重新夾取。

6 鑷子夾住布料不動，將兩側布料往上摺。注意鑷子&布料間不要產生空隙。

7 基本的圓撮完成。

8 與山摺線保持平行，鑷子重新夾住。

9 手指按壓在捏摺好的花瓣上，將花瓣放在置膠板上。將布料裁切面牢牢地放於漿糊上方。

10 配合花形調整花瓣形狀。於花瓣後方放入鑷子撐開花瓣，配合著花形調整後方的開口大小。

11 製作10片花瓣，放於置膠板上等待30分鐘。置膠板的排放位置由靠近自己的內側往外側依序排列；尺寸大小及種類不同時，建議分列排放。待漿糊完全吸附於布料上後，再以鑷子夾取。

12 以手指調整花瓣形狀。以大姆指&食指作出V字，將花瓣劃過V字。

13 再重新塗上漿糊，以目測方式將底座分成2等分，將花瓣葺於底座上。順時針旋轉底座，依逆時針方向葺上花瓣。

14 微調葺滿一半的花瓣形狀。

15 將全部花瓣葺於底座後，調整花瓣的山摺線高度&圓弧度。

16 調整背面的整體形狀。

17 將人造花蕊沾上接著劑，裝飾於中央，等待乾燥。

18 圓形小花髮夾完成。

圓撮の花型變化

熟練基本の圓撮後，接著來作作看各式各樣的花型吧！
只是改變花瓣的頂端，就能變化出梅花、櫻花、桔梗等的花型。

梅花

→P10　成品尺寸
　　　 寬3.2cm

材料
布料／花瓣（柳樹色）2.6cm
正方形×5片
底座／附鐵絲的平面圓形底座
（直徑2cm）1支
花蕊／煙火束型・珍珠花蕊
（白色）1束（作法參見P73）

工具
手工藝用白膠

1 準備材料＆工具。
2 參見P52基本の圓撮作法
　進行至步驟7。
3 以鑷子夾住花瓣頂端，往
　箭頭方向移動。
4 如梅花般，將花瓣頂端調
　整成圓弧狀。

5 製作5片花瓣放於置膠板
　上等待30分鐘。
6 將底座以目測方式分為五等
　分，依圖示順序葺上花瓣。
7 將人造花蕊沾上白膠後，
　裝飾於中央，等待乾燥。
8 梅花完成！

1

2

3

4

5
展開

6
直徑2mm
的空間

7

8

櫻花

→P12　成品尺寸
　　　 寬3.5cm

材料
布料／花瓣（桃色）2.6cm
正方形×5片
底座／附鐵絲平面圓形
底座（直徑2cm）1支
花蕊／煙火束型・玫瑰花
蕊（黃色）1束（作法參
見P73）

工具
手工藝用白膠

1 準備材料＆工具。
2 參見P52基本の圓撮作法
　進行至步驟7，再於花瓣頂
　端塗上薄薄地一層漿糊。
3 以鑷子頂住花瓣的頂端，

往中間輕輕地內壓，維持
10秒不動。
4 如櫻花花瓣般呈現V字形。
5 捏得5片花瓣，放於置膠
　板上等待30分鐘。將底座

以目測方式分為五等分，
依圖示順序葺上花瓣。
6 將人造花蕊沾上白膠後，
　裝飾於中央，等待乾燥。
　櫻花完成！

1

2

3

4

5
拉開空間
直徑2mm
的空間

6
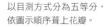

桔梗
→P14 成品尺寸
寬3.6cm

材料
布料／花瓣（紫藤色）2.6cm正方形×5片
底座／附鐵絲平面圓形底座（直徑2cm）1支
裝飾‧花蕊／銀箔鐵絲1.5cm×5支、單粒型‧玫瑰花蕊（黃色）5個（作法參見P73）

工具
手工藝用白膠

1 準備材料＆工具。
2 參見P52基本の圓操作法進行至步驟7，再於花瓣頂端塗上薄薄的一層漿糊。
3 以鑷子夾住花瓣的頂端，依箭頭方向往外拉，維持約10秒。
4 如桔梗花瓣般呈現尖狀。
5 製作5片花瓣，放於置膠板上等待30分鐘。底座以目測分為五等分，依圖示

順序葺上花瓣。
6 銀箔鐵絲是將24號紙卷鐵絲塗上接著劑後以銀色繡絲纏繞而成。裁剪作好的銀箔鐵絲，放射狀作出裝飾。
7 將人造花蕊沾上接著劑後裝飾於中央，等待乾燥。
8 桔梗完成！

水仙
→P15 成品尺寸
寬3cm

材料
布料／花瓣（白色）2cm正方形×6片、副花冠（抹茶綠）1.2cm正方形×2片
底座／附鐵絲平面圓形底座（直徑1.5cm）1支
花蕊／單粒型‧素玉花蕊（紅色）1個（作法參見P73）

工具
手工藝用白膠

1 準備材料＆工具。
2 製作6片桔梗形花瓣＆作為副花冠的2片梅花形花瓣，各自放於置膠板上等待30分鐘。
3 將底座以目測分成六等分，依圖示順序葺上花瓣。
4 葺上6片花瓣。
5 在內側中心葺上兩片相合的梅花形花瓣。
6 將花蕊的形狀修成圓形，以白膠將花蕊裝飾於中央，等待乾燥。水仙花完成！

※可依製作作品項不同，改變底座＆金具。

圓撮の剪布端

使花朵呈現平面感的技法為剪布端。
如文字所述，就是裁下花瓣的一部分以調整高度。

1

5

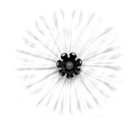

雛菊

→P9　成品尺寸 寬4.2cm

材料

布料／花瓣（象牙色）2.6cm正
方形×約16片
底座／附鐵絲平面圓形底座（直
徑2.5cm）1支※
花蕊／附串珠的花座 1個（作法
參見P73）

工具

拼布用剪刀、多用途接著劑
※可依製作的品項不同，改變底座＆
金具。

2

6

3

前端
裁切邊
裁剪

7

直徑3mm至
4mm的空間

1 準備材料＆工具。

2 參見P52基本的圓撮作法進行至
步驟8，再以鑷子夾住花瓣，將
鑷子替換至左手後，進行裁剪。

3 如圖所示，自腰部往前端裁剪。

4 製作16片花瓣，放於置膠板上
等待30分鐘。

5 排列花瓣茸於底座上。

6 側視時如圖所示，保持平行進
行排列。

7 調整花瓣至呈現平整的圓形。

8 將花座塗上接著劑後裝飾於中央
位置，等待乾燥。雛菊完成！

4

8

二重圓撮

重疊兩片大小花瓣的技法。若學會此技法，就能作出更精緻的花瓣。

梅花

⊙P10 成品尺寸 寬3.2cm

材料

布料／花瓣（柳樹色）2.6cm正方形×5片·（淺緋紅）2.4cm正方形×5片

底座／附鐵絲平面圓形底座（直徑2cm）1支※

花蕊／煙火束型·珍珠花蕊（白色）1束（作法參見P73）

工具

手工藝用白膠

※可依製作的品項不同，改變底座＆金具。

1 準備材料＆工具。

2 將一大一小的布料沿對角線對摺成三角形。將裁切邊的角（A與A'）對合，在小布上方重疊大布，以鑷子在對半處稍往上的地方水平夾住後，往內側方向壓摺。

3 在中間稍偏上方處，重新以鑷子水平夾住。

4 下側角（B與B'）對齊上側角（A）向上摺。

5 將2片花瓣的頂端一起修整出梅花瓣的花形（參見P54）。

6 二重圓撮的梅花瓣完成。準備5片花瓣，放於置膠板上等待30分鐘。

7 以目測方式將底座分成五等分，依順序排列花瓣。

8 將花蕊黏貼裝飾於中央，等待乾燥。二重圓撮梅花完成！

1

2

3

4

5

6

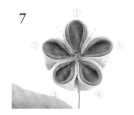

7

8

二重多段圓撮排列1

雖然比排列一段花瓣多花時間，卻能製作出更有立體感的花朵。
在此將介紹二段、三段的排列技巧。

福梅（二重三段圓撮）

→P11　成品尺寸　寬4.2cm

材料

布料／花瓣：外側段（象牙色）
3cm・2.8cm正方形×各5片、中
側段（櫻花色）2.4cm・2.2cm正
方形×各5片、內側段（淺緋紅）
2cm・1.8cm正方形×各5片
底座／附鐵絲平面圓形底座（直
徑2.5cm）1支※
花蕊／粒束型・珍珠花蕊（白色）
1束（作法參見P73）

道具

手工藝用白膠
※可依製作的品項不同，改變底座＆
　金具。

1　準備材料＆工具。
2　每段準備各5片二重圓撮的梅花
　花瓣（P57），放於置膠板上等
　待30分鐘。
3　首先在底座上排列最外側的5
　片花瓣。
4　在外側段花瓣中重疊葺上中側
　段花瓣。
5　兩段完成。
6　在中側段花瓣中再重疊葺上內
　側段花瓣。
7　三段完成。
8　將花蕊黏貼裝飾於中央，等待
　乾燥。福梅完成！

1

2

3

① 直徑2mm至
3mm的空間

4

5

6

7

8

二重多段圓撮排列2

在多段排列中，也有跨段的作法。
排列時的重點與P58相同。

1

4

直徑1mm至
2mm的空間

八重梅（二重三段圓撮）

花苞＆含苞樹枝的作法參見P70至P71。

→PII 成品尺寸 寬4.2cm

材料
布料／花瓣：外側段（淺緋紅）
3cm・2.8cm正方形×各5片、中
側段（象牙色）2.4cm・2.2cm
正方形×各5片、內側段（柳樹
色）2cm・1.8cm正方形×各5片
底座／附鐵絲平面圓形底座（直
徑2.5cm）1支※
花蕊／粒束型・珍珠花蕊（白色）1
束（作法參見P73）

工具
手工藝用白膠
※可依製作的品項不同，改變底座＆
　金具。

1 準備材料＆工具。
2 每段準備各5片二重圓撮的梅花
　花瓣（P57），放於置膠板上等
　待30分鐘後，從底座外側開始
　排列5片花瓣。
3 於外側段花瓣＆花瓣間葺上中
　側段花瓣。
4 兩段完成後，調整形狀。
5 以相同方式葺上內側段花瓣。
6 將花蕊黏貼裝飾於中央，等待
　乾燥。八重梅完成！

2

直徑2mm至
3mm的空間

5

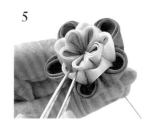

3

6

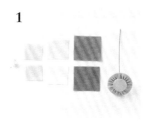

圓撮の應用花型1

藍色系漸層的美麗繡球花是和風布花中最有人氣的花朵。
不留空隙地填滿花瓣，是作品成功的關鍵。

開始製作繡球花
髮夾＆胸針吧！

1

5

2

6

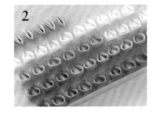

3

7

4

8

繡球花（梅花型圓撮）

→P17　成品尺寸 寬3.8cm

材料

布料／花瓣（群青色・天空色・
白色）1.6cm正方形×共40片左
右、葉子（抹茶色）1.6cm正方
形×6至7片
底座・金具／半球形底座（直徑
2.5cm）1個、2way髮夾＆胸針
1個※
花蕊／珍珠石 適量

工具

手工藝用白膠

※可依製作的品項不同，改變底座＆
　金具。

1 準備材料＆工具，將半球形底
座接合於2way髮夾＆胸針（參
見P50）。

2 參見P52基本の圓撮作法至步
驟7，再將整花瓣調整成梅花
型（P57），葉子則參見基本
の劍撮作法（P63）。製作多
一點的花瓣，放於置膠板上等
待30分鐘。

3 以目測方式將底座的外緣分成
五等分。

4 沿著外緣，將1朵3瓣的花先各
葺上2瓣，完成5朵的排列。

5 於步驟4上方各自加葺第3片花
瓣。

6 自步驟5斜上方側視的模樣。每
1朵3瓣，共葺上5朵。

7 將剩餘的空間以目測分為三等
分，共製作3朵每朵4瓣的花。

8 第1朵完成。

9 第2朵完成。

10 在排列第3朵時，平均分配好
花與花之間的空隙後再排放。

11 在空隙處葺上花瓣，非1朵4瓣
也OK，只要將空隙填滿即可。

12 以插入的方式在更小的空隙處
排放葉子。

13 俯視時，呈現圓形的立體輪
廓。

14 側視的模樣。

15 將珍珠石沾上接著劑後，裝飾
在各花朵的中心，等待乾燥。

16 繡球花髮夾及＆胸針完成！

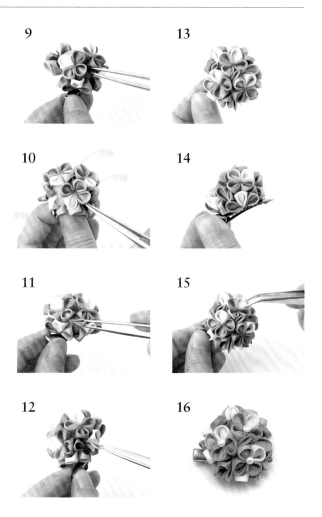

9

13

10

空隙

空隙

空隙

14

11

15

12

16

圓撮の應用花型2

圓滾滾的可愛玫瑰花。
球形玫瑰花的作法祕訣就是要修整出具有蓬鬆度的圓球形狀。

來製作球形玫瑰
髮梳吧！

1

5

球形玫瑰（二重梅花型圓撮）

圓撮三葉的作法參見P70。

→ P18　成品尺寸 寬3.2cm

材料

布料／花瓣：外側段（曙紅色）
3.5cm・3.3cm正方形×各3片、中
側段（棣棠花色）2.6cm・2.4cm
正方形×各3片、內側段（淡茶
色）2cm・1.8cm正方形×各3片
底座・金具／附鐵絲平面圓形底座
（直徑2.5cm）1支、髮梳 1個※
裝飾／單粒型・素玉花蕊（金色）
2顆、單粒型・玻璃花蕊（金色）
1顆（作法參見P73）

工具

手工藝用白膠
※可依製作的品項不同，改變底座&金具。

2

6

3

7

1 準備材料&工具後，在髮梳上組
　合附鐵絲平面圓形底座（P49）。
2 每段各準備3片的二重梅花型
　圓撮，放於置膠板上等待30
　分鐘。以目測將底座分成三等
　分，使外側的花瓣向兩側展開，
　沿著底座外緣排列。
3 依圖示順序排列。
4 以相同方法排列中側段花瓣，
　且在中央作出圓形的空間。
5 以相同方法排列內側段花瓣，
　且預留放置花蕊的圓形空隙。

4

8

6 以鑷子調整花瓣的圓弧度。
7 將側面調整出蓬鬆感。
8 花蕊沾上白膠後裝飾於中央處，
　等待乾燥。球形玫瑰髮梳完成！

基本の劍撮

同圓撮，也是基本捏摺法的一種。
特徵為花瓣前端呈尖瓣狀。

來製作劍形小花
髮束吧！

1

6

劍形小花髮束

→P20　成品尺寸 寬3.5cm

材料
布料／花瓣（灰紫色）2cm正方形
×12片
底座・金具／平面圓形底座（直徑
1.5cm）1個、附小圓台的髮束 1個※
花蕊／單粒型・素玉花蕊（金色）
7顆（作法參見P73）

工具
手工藝用白膠
※可依製作的品項不同，改變底座＆
金具。

2
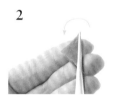

7

3

8

直徑2mm
的空間

4

9

5

10

1 準備材料＆工具後，將髮束接
　合上平面圓形底座（P47）。
2 以鑷子夾住對角線，摺成三角形。
3 以鑷子在步驟2的中間線處夾住
　對摺，形成4片相疊的三角形。
4 再以鑷子於步驟3的中間線處
　重新夾住，自兩側往上摺。
5 緊緊地壓住布片，以鑷子夾住
　邊端＆在頂端的下方用力拉，
　使花瓣呈尖狀。
6 基本的劍撮完成。製作12片花
　瓣，放於置膠板上等待30分鐘。
7 重新塗上漿糊，水平地將花瓣
　葺在底座上。
8 依序排列至一半時，調整花瓣
　＆底座。
9 排列剩餘的花瓣。最後將花瓣
　的後端往左邊微調，會變得更
　漂亮。

10 將花蕊沾上白膠後裝飾於中央，
　 等待乾燥。劍形小花髮束完成！

二重劍撮

重疊大小兩片花瓣的技法
與二重圓撮捏摺法不同。

劍形小花

⊖ P20　成品尺寸 寬3.5cm

材料

布料／花瓣（灰紫色）2cm正方形・（象牙白）1.8cm正方形×各10片

底座／附鐵絲平面圓形底座（直徑1.5cm）1支※

花蕊／單粒型・素玉花蕊（咖啡色）6顆・（金色）1顆（作法參見P73）

工具

手工藝用白膠

※可依製作的品項不同，改變底座&金具。

1 準備材料&工具。

2 以P63基本の劍撮步驟2&3相同作法，製作4片重疊的大&小三角形各1個。

3 對合裁切邊，在大片布料上重疊小片布料。

4 以鑷子夾住步驟3的中間線，自兩側往上摺。鑷子&布料間不留空隙。

5 以鑷子夾住重疊布料的前端，自頂端往下方用力拉出尖形。

6 二重尖瓣完成。製作10片花瓣，放於置膠板上等待30分鐘。

7 依序葺上底座。

8 將花蕊沾上白膠後裝飾於中央處，等待乾燥。二重劍形小花完成！

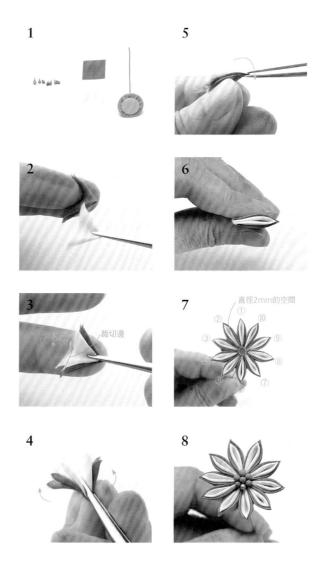

劍撮の剪布端

以平坦剪裁為特徵的松葉菊的作法。
在此使用劍撮の剪布端技巧。

松葉菊

⊝P20　成品尺寸 寬4.5cm

材料

布料／花瓣（天空色）2.6cm正
方形×14片
底座／附鐵絲平面圓形底座（直
徑2.5cm）1支※
花蕊／附串珠的花座・縷空花片
各1個（作法參見P73）

工具

拼布用剪刀，多用途接著劑
※可依製作的品項不同，改變底座＆
金具。

1 準備材料＆工具。

2 參見P63基本の劍撮作法至步
　驟5後，改以左手手持住夾布片
　的鑷子，自腰部往前端方向裁
　剪。（參見P56圓撮の剪布端步
　驟3）

3 製作14片花瓣，放於置膠板上
　等待30分鐘。

4 平均地葺於底座上。

5 側面時的模樣。以鑷子夾住花
　瓣的後端，稍微往左邊傾斜。

6 使底座與花瓣的山摺線平行。

7 將縷空花片沾上接著劑後裝飾
　於中央，再放上附有串珠的花
　座，等待乾燥。

8 松葉菊完成！

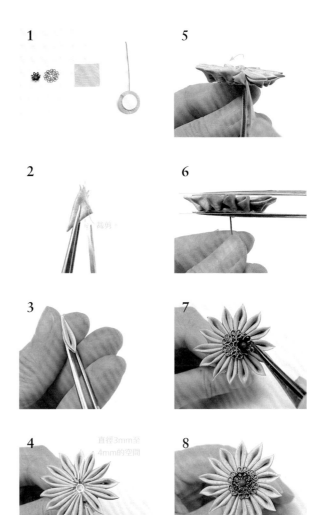

多重劍撮排列

花瓣自中心往外開展，呈現出豔麗動人的菊花。
重點在於自內側往外排列。

1

4

八重菊（二重三段劍撮）

⊖P21　成品尺寸 寬4.3cm

材料

布料／花瓣：外側段（淡茶色）
2cm正方形×10片、中側段（油菜
花色）1.6cm正方形×10片、內側
段（桃色）1.2cm正方形×10片
底座／附鐵絲平面圓形底座（直徑
2.5cm）1支※
花蕊／附串珠花座 1個（作法參
見P73）

工具

多用途接著劑
※可依製作的品項不同，改變底座＆
金具。

2

5

3

6

1 準備材料＆工具。

2 參見P63基本の劍撮作法至步
驟5製作10片花瓣，放於置膠
板上等待30分鐘後，將花瓣由
內側段開始葺於底座上。

3 排列中側段，將花瓣插入內側
段花瓣＆花瓣中間。

4 以步驟3相同方式排列外側段
花瓣。

5 調整花瓣高度、間隔、後端的
斜度。

6 將花座沾上接著劑後裝飾於中
央處，等待乾燥。八重菊完成！

劍撮の應用花型1

大受歡迎的角形玫瑰。
劍形花瓣給人冷冽的印象。

角形玫瑰（二重劍撮）

劍撮三葉的作法參見P70。

→P19 成品尺寸 3.8cm

材料

布料／花瓣：外側段（柳樹色）
3cm正方形・（灰紫色）2.8cm
正方×各3片、中側段（柳樹色）
2.5cm正方形・（灰紫色）2.3cm
正方形×各3片、內側段（桔梗
色）2cm正方形×2片
底座／附鐵絲平面圓形底座（直徑
2.5cm）1支、U形髮簪 1支※
花蕊／單粒型・素玉花蕊（金色）
5顆（作法參見P73）

道具

手工藝用接著膠

※可依製作的品項不同，改變底座＆
　金具。

1 準備材料＆工具後，組合附鐵絲
　平面圓形底座＆髮簪（P48）。
2 參見P64二重劍撮作法至步驟
　5製作8片花瓣，放於置膠板上
　等待30分鐘後，將花瓣由外側
　段開始葺於底座上。
3 排列成三角形。
4 排列中側段花瓣。在外側段花
　瓣重疊的部位葺上中側段花瓣
　的頂端。
5 中側段排列結束後，以步驟4
　相同方法葺上內側段花瓣。
6 內側段排列完成。

來製作角形玫瑰
髮簪吧！

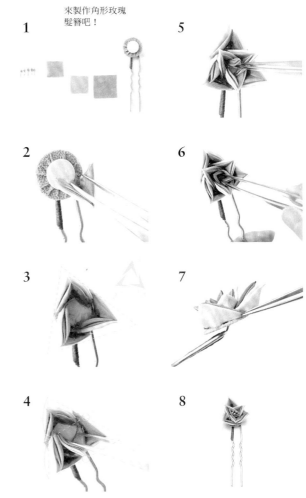

1

2

3

4

5

6

7

8

7 自側面檢視＆調整成漂亮的三
　角形。
8 將花蕊沾上漿糊後裝飾於中央
　處，等待乾燥。角形玫瑰髮簪
　完成！

劍撮の應用花型2

與繡球花並列為人氣花朵的萬壽菊，蓬鬆飽滿的花瓣令人著迷！
製作重點在於最後一段的花瓣數量應為第一段的倍數。

萬壽菊（二重三段劍撮）

P23　成品尺寸 寬4.5cm

材料
布料／花瓣：內側段（桔梗色）
1.6cm正方形・（象牙色）1.4cm
正方形×各10片、中側段（桔梗
色）2.2cm正方形・（象牙色）
2cm正方形×各10片、外側段
（桔梗色）2.8cm・（象牙白）
2.6cm正方形×各20片
底座・金具／半球形底座（直徑
2.5cm）1個、金屬鍊墜底座（直
徑2.5cm）1個
花蕊／寶石＆寶石底座 各1個

工具
多用途接著劑
※可依製作的品項不同，改變金具。

1 準備材料＆工具後，接合半球
　形底座＆金屬鍊墜底座。
2 使用沒有把手的金具時，為了
　方便作業可以以膠帶固定於棒
　子上作為輔助。參見P64二重
　劍操作法至步驟5，製作需要
　的片數，再依不同段別將花瓣
　放於置膠板上等待30分鐘。
3 排列第一段。將最初的兩瓣放
　於對角線上，再平均地葺上花
　瓣。
4 第一段完成。
5 排列第二段。在花瓣＆花瓣中
　間葺上中側段花瓣。

1

來作萬壽菊鍊墜吧！

5

2

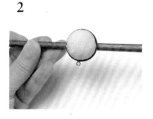

6

3

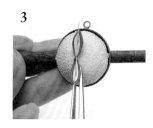

7

4

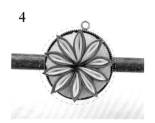

8

6 第二段作法同步驟3,從對角
　線開始排列。

7 第二段完成。

8 第三段也自對角線開始排列,
　且將花瓣插入花瓣&花瓣中間。

9 第3段完成。

10 檢視步驟9側面,在花瓣&花瓣
　間再茸上花瓣。如圖所示,花
　瓣超出底座外緣也OK!可裁剪
　會過多露出的花瓣,裁剪前先
　確認長度,不要裁剪得太短。

11 裁剪步驟10多餘的部分。裁剪
　線應與山摺線呈90度角。

12 茸上10片裁剪完成的花瓣。

13 整理各段花瓣。

14 俯視時的模樣。

15 調整花瓣的後端形狀。

16 將寶石底座黏上寶石,裝飾於
　中央處等待乾燥。萬壽菊鍊墜
　完成!

葉子・含苞樹枝・花苞の作法

除了花朵的作法，也要學習葉子&花苞的作法喔！
只要在作品中增添其中一項，便能使花朵更加栩栩如生。

一葉

→ P14　劍撮葉子

材料
布料／葉子（抹茶色）2.6cm
正方形×1片
底座／24號紙卷鐵絲 1支

工具
塑膠板、膠帶

1
1 準備材料&工具。
2 參見P63基本的劍撮作法製作1片葉子，放於置膠板上等待30分鐘。

2 再將鐵絲固定於塑膠板上，使鐵絲的一端與葉子的後端對合，將裁切面黏合於鐵絲上方。

3 乾燥後再將塑膠板取下，以指腹上緣將葉子的頂端壓開。

三葉

→ P18,19
圓撮三葉（左）劍撮三葉（右）

材料（圓撮三葉）
布料／葉子（柳樹色）3cm
正方形・（抹茶色）2.8cm
正方形×各1片、（柳樹色）2.2cm正方形・（抹茶色）2cm正方形×各2片
底座／24號紙卷鐵絲1支
（邊端摺彎1cm）

工具
塑膠板、膠帶

材料（劍撮三葉）
布料／（柳樹色）3cm正方形・（青竹色）2.8cm正方形×各1片、（柳樹色）2.2cm正方形・（青竹色）2cm正方形×各2片　底座&工具同圓撮三葉。

1 準備材料&工具捏摺葉子（圓撮三葉參見P57二重圓撮，劍撮三葉參見P64二重劍撮）。
2 將葉子放於置膠板上。小葉子2個1組並排。
3 2個1組以鑷子夾起。

4 以手指調整葉子前端形狀（參見P52步驟12）。
5 將鐵絲固定於塑膠板上，對合鐵絲A&葉子A'，重疊排列。
6 以鑷子撐開成V字形。

7 在步驟6的V字處葺上大片葉子。

含苞樹枝

→ P11

材料
裝飾品／素玉花蕊（粉紅色・白色）各1支

底座／24號紙卷鐵絲 1支
其他／花藝膠帶 適量

1 準備材料。
2 在鐵絲的一端纏繞花藝膠帶。
3 將花蕊貼合於樹枝上。

4 以花藝膠帶纏繞花蕊於樹枝上，完成！

花苞1
→ P14

材料
布料／花苞（白色）3cm
正方形×2片
底座／24號紙卷鐵絲 1支
其他／棉花 適量

1 準備材料。

2 製作花苞的基底。在鐵絲一端纏繞棉花，作出「棉花棒」。

3 以梅花型圓撮（P54）製作2片花瓣，放於置膠板上等待30分鐘。再輕壓裁切邊＆清除多餘的膠，使裁切邊緊密

貼合。

4 以鑷子夾住花苞花瓣的腰部，使裁切邊向兩側展開。

5 等待步驟4呈現半乾的狀態。

6 在手指上方重疊裁切邊。以鑷子夾住左側片向內摺，再以手指壓合。

7 右側亦以鑷子夾住倒向左側重疊，再以鑷子夾住左右緊密重疊處。

8 保持鑷子夾合的狀態，翻回正面。

9 以食指指腹上緣將頂端撐開。再作1個相同的花苞花瓣。

10 製作花苞。將步驟2的

棉花棒沾上漿糊，放入其一花瓣的花萼處。

11 將另一個花苞花瓣外緣沾上漿糊。

12 黏合步驟10＆11，再調整成如氣球般的形狀。

花苞2
→ P11

材料
布料／花苞（櫻花色）1.6cm
正方形×2片
底座／24號紙卷鐵絲 1支
花蕊／素玉花蕊（黃色）3支
其他／繡線 適量

工具
手工藝用接著劑

1 準備材料＆工具。

2 將自花蕊的芯起1cm處，接合於鐵絲的一端，以繡線纏繞固定。纏繞約1cm後，將線以接著劑固定，剪去繡線＆花蕊多餘的部分。

3 以梅花型圓撮（P54）製

作2片花苞用圓撮，放於置膠板等待30分鐘後，茸於步驟2上。

4 將2片花苞圓撮相對組合，完成！

開始製作基本の花形吧！

花瓣＆葉子の組接方法

於花朵上組接葉子＆花苞的方法有數種，
本單元將介紹三種使用於本書作品的方式。

在花朵上組接接葉子

→P36 梅花

1 先捏摺好花瓣＆葉子，再將花瓣葺於底座上，在花瓣＆花瓣間的空隙中插入葉子。

2 將花蕊沾附漿糊裝飾於中央處，等待乾燥，完成！

使葉子＆花苞與金具接合

與1片葉子飾片
接合。
→P17 繡球花

1 準備底座、金具、葉子飾片。
2 將金具平台塗上接著劑，再將葉子飾片的莖部疊放於平台上。
3 緊壓黏合底座。有固定腳時，則將固定腳緊實地向內摺。
4 在步驟3上排列花瓣，附有葉子的繡球花飾完成！

與葉子＆花苞
相接合。
→P14 桔梗

1 準備底座、金具、花苞、葉子飾片。
2 接合花苞＆葉莖後，摺成U字放在金具圓台上，以接著劑黏合。
3 在步驟2的上方放上底座，緊密接合。有固定腳時，將固定腳緊實地向內摺。
4 在步驟3的上方排列花瓣，附有葉子＆花苞的桔梗花飾完成！

常用的人造花花蕊種類

玫瑰花蕊　　　珍珠花蕊

素玉花蕊

裝飾技巧

和風布花經常以人造花蕊＆串珠進行裝飾。
本單元將介紹使用頻率很高的人造花蕊的作法＆裝飾法。

人造花花蕊の裝飾法

煙花束型

材料
花蕊／喜好的花蕊 適量
其他／30號手工藝用鐵絲

工具
手工藝用接著劑

1 準備材料＆工具。
2 將花蕊集合成束，自花蕊起約1cm處沾附上接著劑＆以鐵絲緊緊纏繞。
3 以手指壓開人造花蕊，

作出煙火綻放的模樣，再剪去多餘的莖部。
4 沾附接著劑後，裝飾於布花的中心。

粒束型

材料
花蕊／喜好的花蕊 適量
其他／30號手工藝用鐵絲

工具
手工藝用接著劑

1 準備材料＆工具。
2 將花蕊集合成束，在花蕊下方塗接著劑，再以鐵絲

纏繞＆剪去多餘的莖部。
3 塗上接著劑，裝飾於布花的中心。

單粒型

材料
花蕊／喜好的花蕊 適量
其他／30號手工藝用鐵絲

工具　手工藝用接著劑

1 準備材料＆工具。
2 一顆一顆沾上接著劑。
3 裝飾於布花的中心。

花座＆寶石の裝飾法

1 在花座中心黏上喜歡的串珠後，在花座底部塗上接著劑。
2 裝飾於布花的中心。

1 準備寶石＆串珠。
2 將圓形台紙貼於布花的中心後，在台紙上方放上沾有接著劑的寶石。

加上串珠的花座

寶石＆串珠

73

進階技法

學會基本技法後，再試試更上一層的進階技法吧！
本單元將介紹花朵＆葉子的主題組合方法。

髮梳の組合方法

連枝梅花髮梳

→P35 　成品尺寸 寬9cm

材料

A梅花・大（1朵）
布料／花瓣（和服古布）2cm正方形×5片
底座／附鐵絲平面圓形底座（直徑1.5cm）1支
花蕊／煙火束型・素玉花蕊（金色）1束（作法參見P73）

B 梅花・小（4朵）
布料／花瓣（櫻花色）1.6cm・1.4cm正方形×2朵・各5片
布料／花瓣（象牙色）1.6cm正方形・（淺緋紅）1.4cm正方形×各5片
布料／花瓣（淺緋紅）1.6cm正方形×5片
底座／附鐵絲平面圓形底座（直徑1.2cm）共4支
花蕊／煙火束型・素玉花蕊（白色）4束（作法參見P73）

C花苞
布料／花苞（櫻花色）1.6cm正方形×2片
底座／24號紙卷鐵絲 1支
花蕊／素玉花蕊（黃色）3支
裝飾／繡線 適量

D含苞樹枝
裝飾／素玉花蕊（粉紅・白色）各1支
底座／24號紙卷鐵絲 1支
其他／花藝膠帶 適量

E其他
繡線（咖啡色・松樹綠）各80cm
髮梳（寬約4.5cm）1個

工具
手工藝用接著劑、斜口鉗、平體尖嘴鉗

1

5
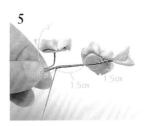

2

6

3
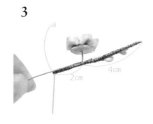

7

4

8

1 準備材料＆工具。A梅花・大，以梅花型圓撮（P54）捏製；B梅花・小，以二重圓撮（P57）捏製3朵，以梅花型圓撮捏製1朵。先製作好A・B梅花、C花苞（參見P71花苞2）、D含苞樹枝（參見P70）。

2 在D含苞樹枝上纏繞繡線（咖啡色・松樹綠各1股，共2股線）。

3 將1朵B梅花（二重圓撮・櫻花色）纏繞於步驟2上。

4 以繡線纏繞C花苞。

5 將B梅花・小（二重圓撮・櫻花色、二重圓撮・象牙白＆淺緋紅）各1朵纏繞於步驟4上。

6 組合步驟3＆5。以繡線纏繞接合a 與a'。

7 在步驟6上相繼纏繞A梅花・大（梅花型圓撮・和服古布）＆B梅花・小（梅花型圓撮・淺緋紅）。

8 纏繞結束後，打開末端的鐵絲腳，夾入繡線收尾。

9 將線尾處打結＆塗上接著劑，再以斜口鉗裁剪末端。

10 連枝梅花組合完成。

11 自花朵底座與鐵絲接合處往下1cm處，與髮梳邊端接合。

12 以繡線纏繞接連樹枝＆髮梳，在每個梳齒間繞線3至4次。

13 繞線至最後結束時，在打結處塗上接著劑，以線回繞2至3次後剪掉多餘的線段。

14 以平體尖嘴鉗調整樹枝，使樹枝向上折起。

15 調整方向使花朝向正面。

16 裝飾上花蕊，連枝梅花髮梳完成！

9
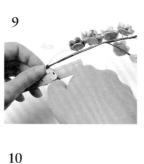

13
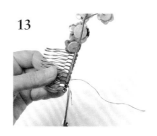

10

14

11

15

12

16

髮簪の組合方法

花串髮簪

不含葉子的作法。

⊖P36　成品尺寸
　　　（主花）寬7cm
　　　（垂穗）寬6.5cm×長8.2cm

材料

A主花・小花（12朵）
布料／花瓣（櫻花色）1.6cm・
1.4cm正方形×各60片
底座／附鐵絲平面圓形底座（直徑
1.2cm）12支
花蕊／單粒型・素玉花蕊（黃色）
60顆

B垂穗・小花（9朵）
布料／花瓣（櫻花色）1.6cm・
1.4cm正方形×各45片
底座／圓形台紙大＆小各9張（大
的直徑1.2cm）、圓形布或和紙（直
徑1.4cm）9片
花蕊／單粒型・素玉花蕊（黃色）
45顆
裝飾／珍珠串珠 3個
其他／單圈 3個、人造絲線 11cm×
3條

C垂穗鉤耙
底座／24號紙卷鐵絲 9cm×3支
其他／30號手工藝用鐵絲 適量

D其他
繡線（櫻花色）適量
雙股髮簪金具（10.5cm）1支

工具
手工藝用白膠、平體尖嘴鉗、斜口
鉗、塑膠板、膠帶

1

2

3

4

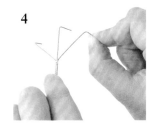

5

6

7

8

1 準備材料＆工具。

2 製作C垂穗鉤耙。在紙卷鐵絲邊端約4cm處作記號，且將中心的鐵絲縮短2mm。

3 以手工藝用鐵絲自步驟2的位置纏繞固定約2cm。

4 展開垂穗鉤耙＆摺彎前端1cm處。

5 以平體尖嘴鉗夾成く字形。

6 製作A主花。捏摺12朵小花（參見P57二重圓撮・梅花），葺於底座上。

7 步驟6的小花以3朵為1組，分別在花莖上作記號後，將花莖摺彎成く字形。記號為離花萼1.8cm（第一段）・2cm（第二段）・2.3cm（第三段）・2.6cm（第四段）處。

8 為了避免組合時滑動，在摺彎成く字形的花莖上塗上少量接著劑。

9 組合第一段。對合3朵花く字處。

10 步驟9正面。

11 以繡線（2股）纏繞莖部對合處。線從靠近自己的前側往外繞，建議將指甲頂在繞線位置上比較好纏繞。

12 組合第二段。在第一段線纏繞完的位置上，以步驟11相同方式對合第二段小花く字處。

13 第二段組合完成。

14 以相同方法組合第三段。

15 以相同方法組合第四段。

16 在步驟5完成的垂穗鉤耙く字處塗上白膠。

9

10

11

12

13
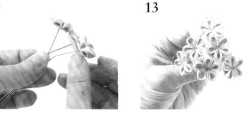

14

15

16

加上葉子的作法參P72。葉子以抹茶色1.6cm正方形捏摺劍撮。

→接續P78

17 將第四段繞線完成的位置上對合垂穗鉤耙的〈字處，且以繡線纏繞2cm。

18 摺彎垂穗鉤耙＆小花的鐵絲，繞線固定。

19 在預定剪裁的位置上塗白膠。

20 以斜口鉗裁剪（a），主花完成。

21 接著將髮簪接上主花。在髮簪U字處纏繞繡線2至3次。

22 將組合好的主花花莖前端塗上白膠，使垂穗鉤耙側朝下，與髮簪U字處重疊（a與a'）。

23 以繡線緊緊地纏繞。

24 纏繞至a處後，將線塗上少量白膠再往回繞2至3次；確認牢牢固定後，再剪去多餘的線。

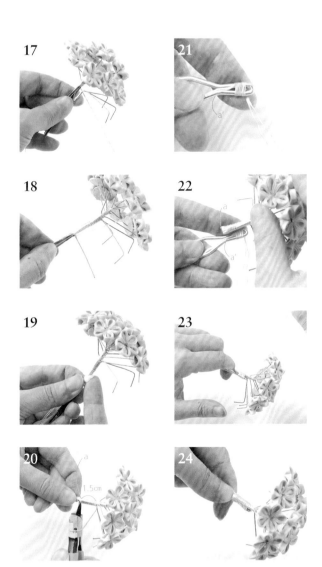

25 以平體尖嘴鉗調整主花角度至
　　45度。

26 製作B垂穗。將人造絲線的一
　　端圈出圓形環。

27 將線固定在塑膠板（墊板等）
　　上，在上方貼上大片圓形台
　　紙，台紙上再貼上小片台紙。

28 製作B的小花9朵（參見P57二
　　重圓撮・梅花）後，葺在步驟
　　27的台紙上方（每1條垂穗各
　　葺3朵花）。

29 乾燥後，移去塑膠板＆穿入珍
　　珠串珠。

30 以漿糊在背面貼上圓形的布料
　　或和紙。

31 將垂穗鉤耙穿過垂穗的圓形環
　　後固定。

32 裝飾花蕊，花串髮簪完成！

25

29

26

30

27

31

28

32

以P37作品相同的
作法製作！
材料參見P95。

飾品＆小物の作法

本單元將介紹收錄於P24至P34作品的作法。
每個作品都是以基本作法組合而成，
並不是難度很高的技法。務必試著挑戰看看喔！

P24 瑪格莉特髮夾＆胸針

成品尺寸 **瑪格莉特1＆2 寬度皆為7.5cm** ※使用輕目羽二重布。

瑪格莉特1

瑪格莉特2

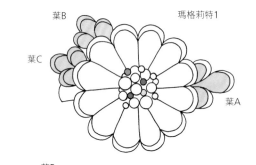

葉B
葉C
瑪格莉特1
葉A

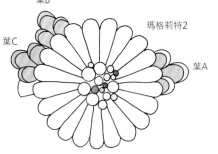

葉B
葉C
瑪格莉特2
葉A

瑪格莉特1

材料

布料／花瓣（象牙色）3cm正方形・2.8cm正方形×各12片、葉子A（柳樹色）3cm正方形・（抹茶綠）2.8cm正方形×各1片・（抹茶色）2cm正方形・1.8cm正方形×各2片、葉子B（櫻花色）2cm正方形・1.8cm正方形×各3片、葉子C（柳樹色）2cm正方形・1.8cm正方形×各3片
底座・金具／包釦（直徑3cm）1個、2way髮夾＆胸針（直徑3cm）1個
花蕊／水晶鑽小圓台的圓形台紙（直徑0.8cm）1片、水晶鑽 適量

瑪格莉特2

材料

布料／花瓣（象牙色）3cm正方形×21片
※葉子、底座、金具、花蕊材料皆同瑪格莉特1。

工具

多用途接著劑

1 製作花瓣。瑪格莉特1是以二重圓撮摺捏摺梅花花型（P57）來製作，瑪格莉特2則是以圓撮捏摺梅花花型來製作（P54）。完成所需的瓣數後，放於置膠板上等待30分鐘。

2 葉子以二重圓撮（P70圓撮三葉）方式捏摺，完成後放於置膠板上等待30分鐘。

3 製作包釦型底座（P50），在金具上組合花朵＆葉子（參見P72）。

4 於花朵中央貼上圓形台紙，在台紙上方塗上接著劑＆裝飾上水晶鑽（參見P73），完成！

成品尺寸 蝴蝶1＆2 寬度皆為3.5cm

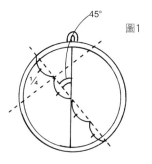

圖1

蝴蝶1

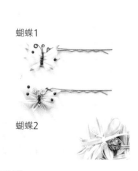

蝴蝶2

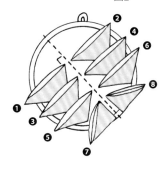

圖2

蝴蝶1

材料

布料／上翅膀（象牙色微量墨色）
2.5cm正方形×6片、下翅膀（象
牙色微量墨色）1.5cm正方形×2片
底座・金具／包釦（直徑1.5cm）
1個、金屬底座（直徑1.5cm）1個
裝飾／彩色鐵絲（黑色）7cm、
水晶鑽 適量
其他／附小圓環髮夾 1個、C圈 1個

蝴蝶2

材料

布料／上翅膀（櫻花色）2.5cm正
方形×6片、下翅膀（櫻花色）
1.5cm正方形×2片
底座・金具／同蝴蝶1
裝飾／銀線鐵絲 約7cm（參見P55
桔梗的作法步驟6）、水晶鑽 適量
其他／同蝴蝶1

工具
多用途接著劑

蝴蝶1

蝴蝶2

1 製作包釦底座後，組合於金屬
　底座上（P50）。
2 以基本の劍撮（P63）製作翅膀，
　且放置於置膠板上等待30分鐘。
3 將步驟2放於步驟1上方。依圖
　2順序在圖1的位置葺上布片。
4 以鐵絲製作觸角＆以接著劑接
　合於步驟3上，再將水晶鑽塗
　上接著劑作裝飾。
5 在髮夾上接連C圈＆掛上步驟
　4，完成！

圖1

蝴蝶A・B裁切¼　　　蝴蝶C裁切⅓

1.5cm　　　1.5cm

P25 蝴蝶胸針

成品尺寸 寬6.7cm　※使用輕目羽二重布。

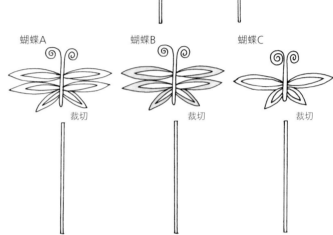

蝴蝶A　　　　蝴蝶B　　　　蝴蝶C

裁切　　　　　裁切　　　　　裁切

材料

蝴蝶A（2隻）

布料／上翅膀（象牙色）3cm・
2.8cm正方形×2隻・各4片、下翅
膀（象牙色）2cm・1.8cm正方形
×2隻・各2片

蝴蝶B

布料／上翅膀（露草色）3cm正方
形・（象牙色）2.8cm正方形×各
4片、下翅膀（露草色）2cm正方
形・（象牙色）1.8cm正方形×各
2片

蝴蝶C

布料／上翅膀（象牙色）3cm・
2.8cm正方形×各2片、下翅膀
（象牙色）2cm・1.8cm正方形×
各2片

其他

底座・金具／附鐵絲平面圓形底座
（直徑1.5cm）4支、包釦型底座
（直徑3cm）1個、附小圓台胸針
（直徑3cm）1個
裝飾／銀線鐵絲 約30cm、緞面緞
帶 約20cm、裝飾寶石＆寶石底座
各1個

工具

手工藝用白膠、多用途用接著劑

圖2

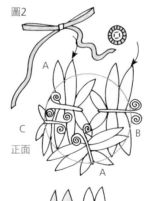

A

C　　　　　　B
正面

A

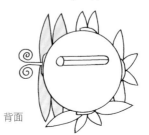

背面

1 製作附鐵絲平面圓形底座。如
圖1所示裁剪圓形台紙後，包
覆上布料（P48）。

2 製作包釦型底座，黏合於胸針
上（P50）。

3 製作蝴蝶。翅膀以二重劍撮法
來製作（P64）。完成所需的
數量後，放於置膠板上等待30
分鐘。

4 將步驟3葺在步驟1的底座上。

5 待步驟4乾燥後，將底座的鐵
絲自根部裁切，再以銀線纏繞
的鐵絲來作觸角裝飾（參見
P55桔梗作法的步驟6）。

6 將步驟2準備的胸針塗上接著
劑後，如圖2所示接合上步驟5
的蝴蝶。在寶石底座上方黏合
裝飾用寶石＆裝飾於中央處，
再以緞帶進行最後裝飾。完成！

P26／大理花提包吊飾　　P27／大理花手套釦環

成品尺寸 提包吊飾 寬5.7cm・手套釦環寬4.8cm　　※使用輕目羽二重布。

提包吊飾

材料

布料／花瓣：內側段（偏綠的藍色）1.6cm正方形・（白色）1.4cm正方形×各12片、中側段（偏綠的藍色）2.2cm正方形・（白色）2cm正方形×各12片、外側段（偏綠的藍色）2.8cm正方形・（白色）2.6cm正方形×各24片
底座／半球形底座（直徑3cm）1個、鍊墜底座（直徑3cm）1個
花蕊／多顆用寶石底座 1個、水晶鑽 適量
其他／圓形金屬環（直徑2.2cm）1個、大C圈 4個、小C圈 18個、鍊釦 3個、T針 17個、水晶飾品&珍珠 17個

手套釦環

布料／花瓣：內側段（象牙色）1.2cm・1.cm正方形×各10片、中側段（象牙色）1.6cm・1.4cm正方形×各10片、外側段（象牙色）2.6cm・2.4cm正方形×20片
底座／半球形底座（直徑2.5cm）1個、鍊墜底座（直徑2.5cm）1個
花蕊／寶石&寶石嵌座 各1個
其他／圓形金屬環（直徑2.2cm）1個、特大C圈 1個、大C圈 5個、小C圈 7個、鍊釦 3個、T針 6個、水晶飾品 6個、手套釦環金具 1個

工具

多用途接著劑

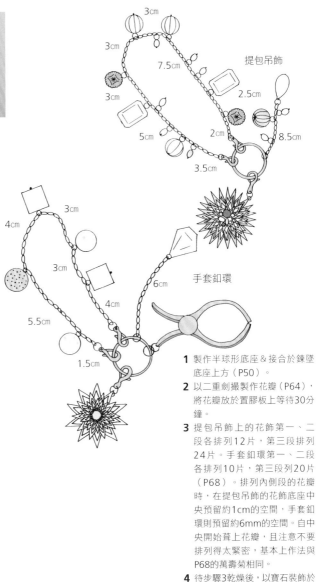

提包吊飾

3cm　3cm　7.5cm　2.5cm　3cm　3cm　2cm　5cm　8.5cm　3.5cm

手套釦環

4cm　3cm　3cm　3cm　6cm　4cm　5.5cm　1.5cm

1 製作半球形底座&接合於鍊墜底座上方（P50）。

2 以二重劍撮製作花瓣（P64），將花瓣放於置膠板上等待30分鐘。

3 提包吊飾上的花飾第一、二段各排列12片，第三段排列24片。手套釦環第一、二段各排列10片，第三段列20片（P68）。排列內側段的花瓣時，在提包吊飾的花飾底座中央預留約1cm的空間，手套釦環則預留約6mm的空間。自中央開始葺上花瓣，且注意不要排列太緊密，基本上作法與P68的萬壽菊相同。

4 待步驟3乾燥後，以寶石裝飾於中心。

5 如圖所示連接鍊子&各飾品，完成！

P28 P29 球形繡球花項鍊＆戒指

成品尺寸 鍊墜寬3.8cm・戒指寬3.5cm ※使用輕目羽二重布。

項鍊

材料

布料／花瓣（深紫色・紫藤色・露草色）1.6cm・1.4cm正方形×共約80片、葉子（抹茶色）1.6cm正方形×約10片
底座・金具／半球形底座（直徑2.5cm）1個、縷空花片（直徑4cm）1個・（直徑1.5cm）2個
花蕊／水晶鑽 適量
其他／珍珠串珠 約79cm、緞帶110cm、尼龍線鐵絲 100cm、C圈 6個、U字環 4個、隔珠 4個、繩帶釦頭 2個

戒指

材料

布料／花瓣（紫藤色・象牙色・柳樹色）1.2cm・1cm正方形×共約120片
底座・金具／半球形底座（直徑2.5cm）1個、附平台戒指（直徑2.5cm）1個
花蕊／水晶鑽 適量

工具
多用途接著劑

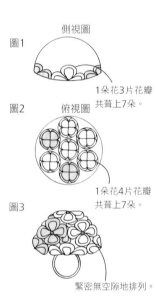

圖1　側視圖
1朵花3片花瓣 共葺上7朵。

圖2　俯視圖
1朵花4片花瓣 共葺上7朵。

圖3
緊密無空隙地排列。

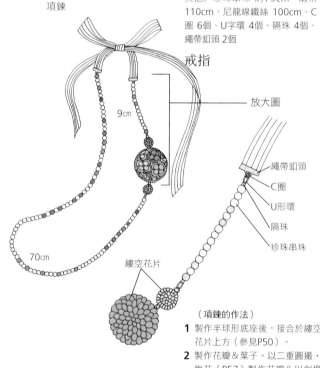

項鍊

9cm

放大圖

70cm

縷空花片

繩帶釦頭
C圈
U形環
隔珠
珍珠串珠

（項鍊的作法）

1 製作半球形底座後，接合於縷空花片上方（參見P50）。

2 製作花瓣＆葉子。以二重圓撮・梅花（P57）製作花瓣＆以劍撮（P63）製作葉子，再放於置膠板上等待30分鐘。

3 將步驟2葺於步驟1上（P60）。

4 裝飾上花蕊處的水晶鑽。

5 待步驟3乾燥後，如圖所示連接上各飾品。

（戒指的作法）

1 製作半球形底座後，接合於戒指平台上方（參見P50）。

2 製作花瓣。以二重圓撮・梅花（P57）製作花瓣，再放於置膠板上等待30分鐘。

3 將步驟2依圖1→圖2→圖3的重點，葺於步驟1上（P60）。

4 裝飾上花蕊處的水晶鑽，完成！

P30 球形玫瑰手持鏡

成品尺寸 寬5.5cm　※使用一越縮緬布。

1 於手持鏡後方貼上厚紙後，以由外往內繞的方式貼上水兵帶。
2 製作圓形台紙＆直接貼於步驟1上方。
3 製作花瓣＆葉子。依圓撮應用花型·球形玫瑰（參見P62）作法製作所需的瓣數，放於置膠板上等待30分鐘。葉子則以P71花苞1步驟3至9的重點來製作。
4 將步驟3葺於步驟2上方。
5 以接著劑貼上人工花蕊＆珍珠串珠，完成！

P31 小菊花隨身藥盒

成品尺寸 寬5cm　※使用一越縮緬布。

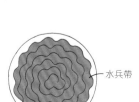

材料
布料／花瓣：小菊花1（象牙色）2.2cm正方形×10片、小菊花2（黑色，有花紋）2.2cm正方形×10片
底座·金具／厚紙（較藥盒小一圈的尺寸）、圓形台紙（直徑1.5cm）2片、裝飾用藥盒
花蕊／附串珠花座 1個
其他／寬5mm水兵帶 適量、珍珠石＆緞面緞帶 各適量

工具
手工藝用接著劑、多用途接著劑

材料
大玫瑰
布料／花瓣（象牙色）3.5cm正方形·（青磁色）2.5cm正方形·（油菜花色）2cm正方形×各3片
底座／圓形台紙（直徑2cm）1片
花蕊／單粒型·珍珠花蕊（白色）適量

小玫瑰
布料／花瓣（藍綠色）2.5cm正方形·（淡綠色）2cm正方形·（油菜花色）1.5cm正方形×各3片
底座／圓形台紙（直徑1.5cm）1片
花蕊／單粒型·珍珠花蕊（白色）適量

葉子
布料／（松樹綠）2.5cm正方形×2片

其他
底座·金具／厚紙（較手持鏡小一圈的尺寸）、裝飾用手持鏡
裝飾／寬5mm水兵帶 適量、珍珠石 適量

道具
手工藝用白膠、多用途接著劑

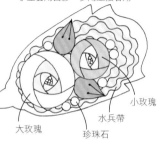

小玫瑰
水兵帶
大玫瑰　珍珠石

1 步驟1、2與手持鏡相同。
2 製作花瓣。以基本劍撮（P63）捏摺花瓣後，放於置膠板上等待30分鐘。
3 將步驟2葺在圓形台紙上。
4 組合小菊花1＆附串珠花座，小菊花2則綁上緞帶裝飾。周圍再以珍珠石裝飾，完成！

水兵帶

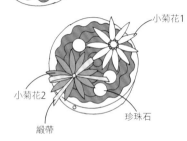

小菊花1
小菊花2
緞帶
珍珠石

P32 33 角形玫瑰花圈

成品尺寸 寬13cm　※布料使用輕目羽二重，玫瑰A・C使用有斑染花紋的布料。

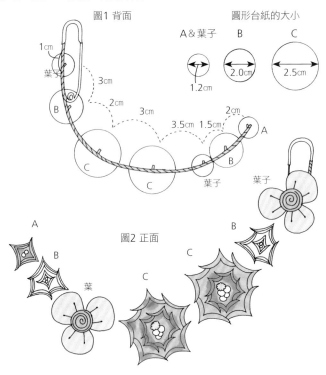

圖1 背面

圓形台紙的大小

A＆葉子　B　C

1cm

葉子

3cm

2cm

3cm

1.2cm

2.0cm

2.5cm

B

2cm

3.5cm 1.5cm

A

C

B

C

葉子

葉子

A

B

葉

圖2 正面

C

C

B

材料

玫瑰A（1朵）

布料／花瓣（櫻花色）2.6cm・2.4cm正方形×各2片
底座／附鐵絲平面圓形底座（直徑1.2cm）1支
花蕊／單粒型・素玉花蕊（白色）2顆

玫瑰B（2朵）

布料／花瓣外側段（象牙色）3cm・2.8cm・2.6cm正方形×2朵・各3片，花瓣內側段（象牙色）3cm・2.8cm正方形×2朵・各2片
底座／附鐵絲平面圓形底座（直徑2cm）2支
花蕊／素玉花蕊（白色・金色）・玻璃花蕊（金色）各適量

玫瑰C（2朵）

布料／花瓣：外側段（櫻花色）3cm正方形・（玫瑰色）2.8cm正方形×2朵・各5片，內側段（櫻花色）3cm正方形・（玫瑰色）2.8cm正方形×2朵・各5片
底座／附鐵絲平面圓形底座（直徑2.5cm）2支
花蕊／素玉花蕊（白色・金色）・玻璃花蕊（金色）各適量

葉子（2葉）

布料／葉子（柳樹色）3.5cm正方形×2葉・各3片
底座／附鐵絲平面圓形底座（直徑1.2cm）2支

裝飾／24號紙卷鐵絲 適量、繡線（綠色）適量

其他

別針 1個、花藝膠帶 適量、藤枝花圈（直徑15cm）1個、喜好的緞面緞帶

工具

手工藝用白膠

1 製作附鐵絲平面圓形底座7支（P48）。

2 製作花瓣＆葉子。玫瑰A為三重劍撮；玫瑰B外側為三重劍撮，內側為二重劍撮；玫瑰C外側＆內側皆為二重劍撮（以上參見P64，三重劍撮是二重劍撮的應用變化）。分別製作

所需的片數後，放於置膠板上等待30分鐘。葉子則以P71花苞1步驟3至9的重點進行製作。

3 將步驟2黏在步驟1上（參見圖1＆圖2）。玫瑰A為2角，玫瑰B外側為3角、內側為2角，玫瑰C內外側皆為5角。葉子以三矢狀進行排列。接著將花蕊固定於玫瑰上，葉子則以捲上繡線的鐵絲繞成圓弧後固定於中心。

4 花朵＆葉子的組合。依A→B→葉子→C→C→B→葉子的順序進行（參見P74的連枝梅花髮梳）。

5 將步驟4接上別針＆勾於花圈上，再綁上喜歡的緞帶進行裝飾。

成品尺寸 松 寬5cm・竹 寬3.5cm・梅 寬3.5cm・水仙 寬4cm
※使用輕目羽二重布，竹&梅使用有斑染花紋的布。

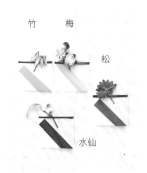

竹　梅
松
水仙

松

材料

布料／松（抹茶色）3cm・2.8cm
正方形×各9片、（抹茶色）
2cm・1.8cm正方形×各3片
底座／附鐵絲平面圓形底座（直徑
2.5cm）1支
裝飾／金線纏繞鐵絲 4cm
其他／紅包袋、繡線（紅色）適量

1 製作附鐵絲平面圓形底座（P48）。
   如圖所示裁剪圓形台紙後再以
   布料包覆。
2 松以二重圓撮の剪布端（P56應
   用）捏摺後，放於置膠板上等
   待30分鐘。
3 將步驟2葺於步驟1上。
4 如圖所示，以金色鐵絲（作法
   參見P55桔梗作法的步驟6）
   製作松葉，以白膠貼在步驟3
   上，再將底座鐵絲纏繞上繡線
   （3cm）。最後裝飾於紅包袋
   上，完成！

竹

材料

布料／竹（抹茶色）3cm正方形・
（紫色）2.8cm正方形×各5片
底座／附鐵絲平面圓形底座（直徑
2cm）1支
其他／紅包袋、繡線（紅色）適量

1 製作附鐵絲平面圓形底座（P48）。
   如圖所示裁剪圓形台紙後再以布
   料包覆。
2 竹以二重圓撮の剪布端（P56應
   用）捏摺後，放於置膠板上等
   待30分鐘。
3 將步驟2葺於步驟1上。
4 將步驟3的底座鐵絲纏繞上繡
   線（3cm），再裝飾於紅包袋
   上，完成！

工具
手工藝用白膠

松

竹

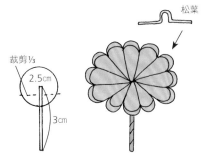
松葉
裁剪⅓
2.5cm
3cm

裁剪⅓
2.0cm
3cm

→接續P88

87

梅

材料

大梅花

布料／花瓣（紅色）2.5cm・2.3cm
正方形×各5片
底座／附鐵絲平面圓形底座（直徑
2cm）1支
花蕊／煙火束型・素玉花蕊（白色）
1束

小梅花

布料／花瓣（櫻花色）2cm・1.8cm
正方形×各5片
底座／附鐵絲平面圓形底座（直徑
1.5cm）1支
花蕊／煙火束型・素玉花蕊（白色）

花苞

布料／花苞（紅色）3cm正方形×1片
底座／保麗龍球（直徑1.5cm）1個
其他／紅包袋、24號紙卷鐵絲、繡線
（紅色）各適量

工具
手工藝用白膠

水仙

材料

布料／花瓣（象牙色）2cm・1.8cm
正方形×各6片、副花冠（棣棠花
色）1.2cm×2片、葉子（和服古布・
綠色）10cm長方形×2片
底座／附鐵絲平面圓形底座（直徑
1.5cm）1支
其他／紅包袋、24號紙卷鐵絲、繡線
（紅色）各適量

工具
手工藝用白膠

1 製作附鐵絲平面圓形底座（P48）。
2 製作花瓣。水仙以二重圓撮捏
  摺、副花冠以基本圓撮・梅花
  （參見P54）捏摺後，放於膠
  板上等待30分鐘。
3 將步驟2葺於步驟1上。
4 取一片葉子用的古布整體塗上白
  膠，放上鐵絲後疊放上另一片古
  布，再裁剪出葉子的形狀（圖1）。
5 如圖2所示以線接連步驟3的花
  ＆步驟4的葉（參見P74）。

1 製作花苞。以布料包覆保麗龍
  球後插上鐵絲。
2 製作2支附鐵絲平面圓形底座
  （P48）。
3 製作花瓣。以二重圓撮・梅花
  （P57）製作大・小梅花花瓣
  後，放於置膠板上等待30分
  鐘。
4 將步驟3葺於步驟2上。
5 組合步驟4的花朵＆步驟1的花
  苞，再裝飾上花蕊，完成（參
  見P74）！

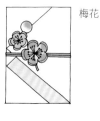
梅花

背面　　　正面

1cm
2cm
3cm

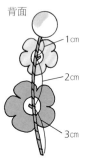
水仙

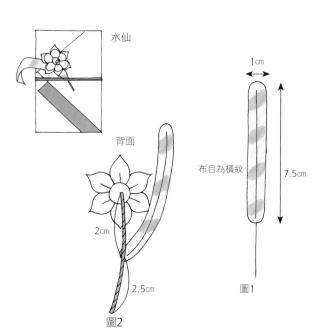
背面
2cm
2.5cm
圖2

1cm
布目為橫紋
7.5cm
圖1

卷首作品の作法

其中包含複雜的步驟，但只要一步一步確實作到位，
便能突破困難點，請你務必挑戰看看！

(P2,3) 春之花髮梳

成品尺寸 主花 寬12cm・垂穗 長20cm　※皆使用輕目羽二重布。

材料

A櫻花（附葉子4朵）
布料／花瓣（櫻花色）3cm・2.8cm
正方形×4朵・各5片、葉子（抹茶色）2cm×4朵・各1片
底座／附鐵絲圓形平面底座（直徑2cm）4支
花蕊／煙火束型・素玉花蕊（白色）4束

B 油菜花（6朵）
布料／花瓣（油菜花色）1.6cm・1.4cm
正方形×6朵・各4片
底座／附鐵絲圓形平面底座（直徑1.2cm）6支
花蕊／單粒型・素玉花蕊（白色）各4顆

C小菊（5朵）
布料／花瓣：小菊花1（象牙色）3cm・2.8cm正方形×3朵・各8片、小菊花2（灰紫色）3cm・2.8cm正方形×2朵・各8片
底座／附鐵絲圓形平面底座（直徑1.2cm）5支

花蕊／單粒型・素玉花蕊（咖啡色・粉紅色）各8至10顆

D葉子（3朵）
布料／葉子（柳樹色）1.6cm正方形・（抹茶色）1.4cm正方形×3朵・各5片
底座／24號紙卷鐵絲 適量×3支

E 藤花垂穗（3串）
布料／花瓣（櫻花色）2.5cm正方形×3朵・各16片
其他／22cm人造絲線×3條
裝飾／珍珠串珠 3個

F其他
垂穗鉤耙（9cm）3支（作法參見P76）、繡線80cm（櫻花色・2股）、附鐵絲的9cm寬髮梳 1個

工具
手工藝用白膠

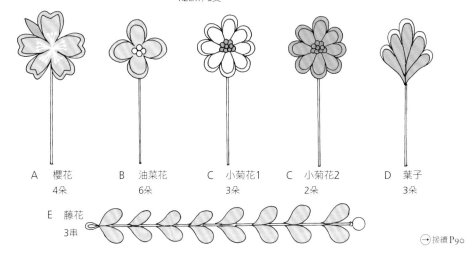

A　櫻花
4朵

B　油菜花
6朵

C　小菊花1
3朵

C　小菊花2
2朵

D　葉子
3朵

E　藤花
3串

→接續P90

1 製作A至C用的附鐵絲平面圓形底座（P48）。

2 製作各種類花瓣＆葉子。A櫻花以二重圓撮・櫻花（參見P54・P57）捏摺花瓣，以劍撮（P63）捏摺葉子。B油菜花為二重圓撮・梅花型（P57），C小菊花＆D葉子亦為梅花型（D葉子參見P70三葉）。各自完成捏摺後，放置於膠板上等待30分鐘。

3 將步驟2葺於步驟1上。

4 組合主花。如右上圖所示，將步驟3分成主花Ⅰ＆Ⅱ，分別組合起來（參見P77花串髮簪）。鐵絲的長度以右側尺寸表為準。

5 製作E藤花垂枝。在繩子的一端圈出一個圓，固定於塑膠板上（參見P79）。

6 製作藤花。以基本的圓撮（P52）製作，2片1組放置於膠板上，等待30分鐘。在步驟5的繩子上方，將2片1組的藤花，以相隔1cm的間隔進行排列（參見P70三葉的步驟3＆4）。乾燥後，在繩子另一端串上珍珠串珠。

7 在髮梳上組合主花Ⅰ・Ⅱ＆垂穗鉤耙。

8 將髮梳朝上，依主花Ⅱ→垂穗鉤耙→主花Ⅰ的順序組合（參見右方的組合圖，組合方法參見P74連枝梅花髮梳）。

9 裝飾花蕊後，將垂穗的圓環繩子套住垂穗鉤耙，完成！

主花Ⅰ　　　　　主花Ⅱ

主花Ⅰ
第一段

1a 櫻花	鐵絲長度	2.0cm
1b 櫻花	同上	2.0cm
1c 櫻花	同上	2.0cm

第二段

2a 油菜花	鐵絲長度	3.0cm
2b 油菜花	同上	2.0cm
2c 油菜花	同上	2.2cm

第三段

3a 油菜花	鐵絲長度	2.0cm
3b 小菊花	同上	3.0cm
3c 小菊花	同上	3.5cm

第四段

4a 葉子	鐵絲長度	2.0cm
4b 葉子	同上	2.0cm

主花Ⅱ
第一段

1a 櫻花	鐵絲長度	1.8cm
1b 小菊花	同上	2.0cm

第二段

2a 小菊花	鐵絲長度	2.0cm
2b 小菊花	同上	3.0cm

第三段

3a 油菜花	鐵絲長度	2.0cm
3b 油菜花	同上	1.5cm

第四段

4a 葉子	鐵絲長度	1.8cm

組合圖

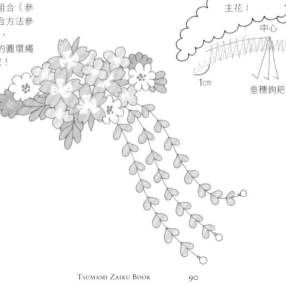

主花Ⅰ
主花Ⅱ
中心
1cm
1cm
垂穗鉤耙

成品尺寸 髮簪＆袖釦寬 皆為3cm

髮簪

材料

布料／花瓣：外側段（象牙色）
2.6cm正方形・（柳樹色）2.4cm
正方形×各3片・內側段（青竹色）
2cm正方形×3片
底座・金具／平面圓形底座（直徑
2cm）1個、附底座髮簪1支
花蕊／單粒型・玻璃花蕊（金色）3
個、單粒型・素玉花蕊（銀色）2個
其他／鍊子 5.5cm、珍珠串珠 2
個、C圈3個

袖釦（1組）

材料

布料／花瓣：外側段（象牙色）
2.6cm正方形・（柳樹色）2.4cm
正方形×2個・各3片・內側段（桔
梗色）2cm正方形×2個・各2片
底座／平面圓形底座（直徑2cm）
2個、附底座袖釦 1組
花蕊／單粒型・玻璃花蕊（金色）
各2個、單粒型・素玉花蕊（銀色）
各2個、單粒型・素玉花蕊（紅
色）各1個

工具

手工藝用白膠

髮簪

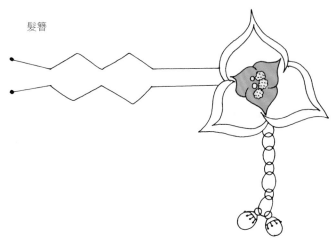

袖釦

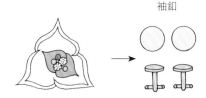

（髮簪の作法）

1 製作平面圓形底座，且將底座
　與髮簪金具接合（P47）。
2 製作花瓣。外側段為二重劍撮
　（P64），內側為劍撮（P63）。捏
　摺完成後放於置膠板上等待30分
　鐘。
3 將步驟2葺於步驟1上。
4 裝飾上花蕊。
5 乾燥後，將金具接連C圈。
6 如圖所示接上鍊子＆加上裝飾
　物，完成！

（袖釦の作法）

1 以髮簪步驟1至3相同重點進行
　製作。
2 裝飾上花蕊，完成！

P5 西洋玫瑰髮夾 & 胸針

成品尺寸 寬7cm

圖1

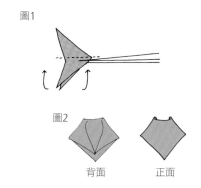

圖2

背面　　　　正面

材料

布料／花瓣（紫紅色）5cm・4cm・
3.5cm正方形×各5片、3cm正方形
×6片
底座・金具／圓形台紙（直徑3cm）
1張、2way髮夾&胸針金具（直徑
4cm）1個
花蕊／單粒型・玻璃花蕊（黑色）
適量

工具
手工藝用白膠

圖3　　　　　　　　圖4

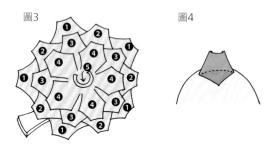

1 將底座用的圓形台紙貼於髮夾
　&胸針金具上的底座。

2 製作花瓣。以基本の圓撮
　（P52）製作21片花瓣，重點
　為自中央線偏下處往上摺（圖
　1）。捏摺完成後放置置膠板
　的上等待30分鐘。

3 將步驟2的花瓣布面裁切處刮
　去漿糊進行整理。

4 以鑷子打開裁切面接合處。

5 玫瑰花花瓣完成。

6 將步驟5茸於步驟1上，如圖3
　所示自外側段向內側段排列。
　外側段的排列法如圖4所示，內
　側段花瓣則以直立方式排列出
　立體感。

7 在中心排列第5段的花瓣&裝
　飾上花蕊，完成！

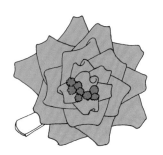

作品材料清單

※P92的花朵＆作品不列入。

P8

圓形小花（圓撮）

成品尺寸 寬3.2cm

布料／花瓣（水藍色）2.2cm正方形×10片
底座／平面圓形底座（直徑1.5cm）1個
花蕊／附串珠花座 1個
※布料使用一越縮緬。

作法 → P52

圓形小花（圓撮）

成品尺寸 寬3.2cm

布料／花瓣（淡黃色）2.2cm正方形×10片
底座／平面圓形底座（直徑1.5cm）1個
花蕊／附串珠座 1個
※布料使用一越縮緬。

作法 → P52

圓形小花（圓撮）

成品尺寸 寬3.2cm

布料／花瓣（櫻花色）2cm正方形×8片
底座／平面圓形底座（直徑1.5cm）1個
花蕊／附串珠花座 1個

作法 → P52

圓形小花（二重圓撮）

成品尺寸 寬3cm

布料／花瓣（咖啡色）2cm正方形・（露草色）1.8cm正方形×各6片
底座／平面圓形底座（直徑1.5cm）1個
花蕊／附串珠花座 1個

作法 → P52,57

圓形小花（圓撮）

成品尺寸 寬3.2cm

布料／花瓣（油菜花色）2cm正方形×8片
底座／平面圓形底座（直徑1.5cm）1個
花蕊／附串珠花座 1個

作法 → P52

P9

雛菊（圓撮の剪布端）

成品尺寸 寬3.3cm

布料／花瓣（象牙色）2cm正方形×12片
底座／平面圓形底座（直徑2cm）1個
花蕊／單粒型・素玉花蕊（紅色）適量

作法 → P56

雛菊（二重圓撮の剪布端）

成品尺寸 寬4.5cm

布料／花瓣（白色）2.6cm正方形・（天空色）2.4cm×各12片
底座／平面圓形底座（直徑2.5cm）1個
花蕊／附串珠花座 1個

作法 → P56,57

P10

梅花（二重圓撮・梅花）

成品尺寸 寬2.5cm

布料／花瓣（象牙色）2cm正方形・（桃色）1.8cm×各5片
底座／平面圓形底座（直徑1.5cm）1個
花蕊／煙火束型・素玉花蕊（金色）1束

作法 → P57

梅花（圓撮・梅花）

成品尺寸 寬2.5cm

布料／花瓣（淺緋紅）2cm正方形×5片
底座／平面圓形底座（直徑1.5cm）1個
花蕊／煙火束型・素玉花蕊（黃色）1束

作法 → P54

P11

福梅（二重二段圓撮・梅花）

成品尺寸 寬3.5cm

布料／花瓣：外側段（象牙色）2.6cm正方形・（曙紅色）2.4cm正方形×各5片、內側段（象牙色）2cm正方形・（曙紅色）1.8cm正方形×各5片
底座／平面圓形底座（直徑2cm）1個
花蕊／煙火束型・珍珠花蕊（白色）1束
※含苞樹枝＆花苞作法參見P70・P.71。

作法 → P58

P12

櫻花（圓撮・櫻花＆劍撮・葉子）

成品尺寸 寬2.2cm

布料／花瓣（白色）2.2cm正方形×5片、葉子（茶色）1.6cm正方形×1片
底座／平面圓形底座（直徑1.5cm）1個
花蕊／煙火束型・素玉花蕊（黃色）1束

作法 → P54,63

櫻花（圓撮・櫻花）

成品尺寸 寬2.2cm

布料／花瓣（櫻花色）2cm正方形×5片
底座／平面圓形底座（直徑1.5cm）1個
花蕊／煙火束型・素玉花蕊（黃色）1束

作法 → P54

櫻花（圓撮・櫻花）

成品尺寸 寬2.2cm

布料／花瓣（白色）2cm正方形×5片
底座／平面圓形底座（直徑1.5cm）1個
花蕊／煙火束型・素玉花蕊（黃色）1束

作法 → P54

櫻花（二重圓撮・櫻花&劍撮・葉子）

成品尺寸 寬3.2cm

布料／花瓣（桃色）2.6cm・2.4cm正方形×各5片、葉子（抹茶色）2cm×1片
底座／平面圓形底座（直徑2cm）1個
花蕊／煙火束型・素玉花蕊（黃色）1束

作法 → P54,57,63

櫻花（圓撮・櫻花&劍撮・葉子）

成品尺寸 寬2.2cm

布料／花瓣（桃色）2cm正方形×5片、葉子（抹茶色）1.6cm正方形×1片
底座／平面圓形底座（直徑1.5cm）1個
花蕊／煙火束型・素玉花蕊（黃色）1束

作法 → P54,63

櫻花（二重圓撮・櫻花）

成品尺寸 寬2.5cm

布料／花瓣（白色）2cm正方形・（櫻花色）1.8cm正方形×各5片
底座／平面圓形底座（直徑1.5cm）1個
花蕊／煙火束型・素玉花蕊（黃色）1束

作法 → P54,57

P13

八重櫻（三段圓撮・櫻花&劍撮・葉子） 成品尺寸 寬4.3cm

布料／花瓣：外側段（櫻花色）3cm正方形×4片・（象牙色）3cm正方形×2片、中側段（櫻花色）2.5cm正方形×4片・（象牙色）2.5cm正方形×2片、內側段（油菜花色）2cm正方形×6片、葉子（抹茶色）2.5cm・1.5cm正方形×各1片
底座／平面圓形底座（直徑2.5cm）1個
花蕊／粒束型・玫瑰花蕊（黃色）1束

作法 → P54,59,63

八重櫻（二段圓撮・櫻花&劍撮・葉子） 成品尺寸 寬3.5cm

布料／花瓣：外側段（白色）2.5cm×5片、內側段（油菜花色）2cm正方形×5片、葉子（抹茶色）2cm正方形×1片
底座／平面圓形底座（直徑2cm）1個
花蕊／粒束型・玫瑰花蕊（黃色）1束

作法 → P54,59,63

P14

桔梗（二重圓撮・桔梗）

成品尺寸 寬4cm

布料／花瓣（白色）3cm正方形・（湖綠色）2.8cm正方形×各5片
底座／平面圓形底座（直徑2.5cm）1個
花蕊／單粒型・玫瑰花蕊（黃色）5顆、銀線纏繞鐵絲 適量
※葉子&花苞作法參見P70至P73。

作法 → P55,57

桔梗（二重圓撮・桔梗）

成品尺寸 寬3.7cm

布料／花瓣（紫藤色）2.6cm正方形・（抹茶色）2.4cm正方形×各5片
底座／平面圓形底座（直徑2cm）1個
花蕊／單粒型・玫瑰花蕊（黃色）5顆、銀線纏繞鐵絲 適量

作法 → P55,57

桔梗（圓撮・桔梗）

成品尺寸 寬2.8cm

布料／花瓣（桔梗色）2cm正方形×5片
底座／平面圓形底座（直徑1.5cm）1個
花蕊／單粒型・玫瑰花蕊（黃色）5顆、銀線繡繞鐵絲 適量

作法 → P55

P15

水仙（二重圓撮・桔梗&副花冠：圓撮・梅花）

成品尺寸 寬4.2cm

布料／花瓣（白色）3cm・2.8cm正方形×各6片、副花冠（棣棠花色）2cm正方形×2片
底座／平面圓形底座（直徑2.5cm）1個
花蕊／單粒型・素玉花蕊（銀色）2顆

作法 → P55,57

水仙（二重圓撮・桔梗・副花冠：圓撮・梅花）

成品尺寸 寬3.8cm

布料／花瓣（群青色）2.6cm・2.4cm正方形×各6片、副花冠（棣棠花色）1.6cm正方形×2片
底座／平面圓形底座（直徑2cm）1個
花蕊／單粒型・素玉花蕊（銀色）2顆

作法 → P55,57

P16

繡球花（二重圓撮・梅花）

成品尺寸 寬3.5cm

布料／花瓣（露草色・象牙色・櫻花色）1.2cm・1cm正方形×共120片
底座／半球形底座（直徑2.5cm）1個
花蕊／水晶鑽 適量
※布料使用輕目羽二重。

作法 → P57,60

繡球花

（二重圓撮・梅花）
尺寸、材料皆與P84的繡球花項鍊&戒指相同。

作法 → P57,60

P17

繡球花（二重圓撮・梅花）

成品尺寸 寬3.8cm

布料／花瓣（深藍色・淡群青色・天空色・象牙色）1.6cm・1.4cm正方形×共80片
底座／半球形底座（直徑2.5cm）1個
花蕊／水晶鑽 適量
※布料使用輕目羽二重，裝飾的葉子作法參見P72。

作法 → P57,60

繡球花（二重圓撮・梅花）

成品尺寸 寬3.8cm

布料／花瓣（柳樹色・抹茶色・象牙色）1.6cm・1.4cm正方形×共80片
底座／半球形底座（直徑2.5cm）1個
花蕊／水晶鑽 適量
※布料使用輕目羽二重。

作法 → P57,60

球形玫瑰（圓撮・梅花）

成品尺寸 寬3cm

布料／花瓣：外側段（青磁色）3.5cm正方形×3片、中側段（水藍色）2.5cm正方形×3片、內側段（油菜花色）2cm正方形×3片
底座／平面圓形底座（直徑2.5cm）1個
花蕊／單粒型・珍珠花蕊（白色・黃色）適量　※使用一越縮緬布

作法 → P62

球形玫瑰（二重圓撮・梅花）

成品尺寸 寬2.5cm

布料／花瓣：外側段（紫藤色）2.6cm・2.4cm正方形×各3片、中側段（天空色）2cm・1.8cm正方形×各3片、內側段（抹茶色）1.5cm正方形×3片
底座／平面圓形底座（直徑2cm）1個
花蕊／單粒型・珍珠花蕊（白色）適量
※葉子作法參見P70。

作法 → P57,62

角形玫瑰（劍撮）

成品尺寸 寬3cm

布料／花瓣：外側段（櫻花色）2.6cm正方形×3片、中側段（柳樹色）2cm正方形×3片、內側段（油菜花色）1.6cm正方形×2片
底座／平面圓形底座（直徑2cm）1個
花蕊／單粒型・珍珠花蕊（金色）適量
※葉子作法參見P70。

作法 → P67

角形玫瑰（劍撮）

成品尺寸 寬1.8cm

布料／花瓣：外側段（淺緋紅）2cm正方形×3片、中側段（象牙色）1.6cm正方形×3片、內側段（油菜花色）1.2cm正方形×1片
底座／平面圓形底座（直徑1.5cm）1個

作法 → P67

劍形小花（劍撮）

成品尺寸 寬3.3cm

布料／花瓣（紫紅色）2.2cm正方形×10片
底座／平面圓形底座（直徑1.5cm）1個
花蕊／附串珠花座 1個
※使用一越縮緬布

作法 → P63

劍形小花（劍撮）

成品尺寸 寬3.3cm

布料／花瓣（櫻花色）2.2cm正方形×3片・（薄墨色）2.2cm正方形×6片・（黑色）2.2cm正方形×1片
底座／平面圓形底座（直徑1.5cm）1個
花蕊／附串珠花座 1個
※使用一越縮緬布

作法 → P63

八重菊（二重三段劍撮）

成品尺寸 寬4.7cm

布料／花瓣：內側段（灰綠色）1.6cm・1.4cm正方形×各8片、中側段（抹茶色）2cm・1.8cm正方形×各8片、外側段（芥黃色）2.6cm・2.4cm正方形×各8片
底座／平面圓形底座（直徑2.5cm）1個
花蕊／附串珠花座 1個
※使用輕目羽二重布。

作法 → P64,66

萬壽菊（二重三段劍撮）

成品尺寸 寬4.5cm

布料／花瓣：內側段（抹茶色）1.6cm・1.4cm正方形×各7片、（象牙色）1.6cm・1.4cm正方形×各3片・中側段（抹茶色）2.2cm・2cm正方形×各7片、（象牙色）2.2cm・2cm正方形×各3片、外側段（抹茶色）2.8cm・2.6cm正方形×各16片、（象牙色）2.8cm・2.6cm正方形×各4片
底座／半球形底座（直徑2.5cm）1個
花蕊／寶石・寶石底座 各1個
※使用輕目羽二重布。

作法 → P64,68

萬壽菊（二重三段劍撮）

成品尺寸 寬4.5cm

布料／花瓣：內側段（芥黃色）1.6cm・1.4cm正方形×各10片、中側段（芥黃色）2.2cm・2cm正方形×各10片、外側段（芥黃色）2.8cm・2.6cm正方形×各20片
底座／半球形底座（直徑2.5cm）1個
花蕊／寶石・寶石底座 各1個
※使用輕目羽二重布。

作法 → P64,68

萬壽菊（二重三段劍撮）

成品尺寸 寬6.5cm

布料／花瓣：內側段（象牙色）2.2cm・（淡橘色）2cm正方形×各7片、（象牙色）2.2cm・（紅色）2cm正方形×各2片、（象牙色）2.2cm・2cm正方形×各3片、中側段（象牙色）2.8cm・（淡橘色）2.6cm正方形×各7片、（象牙色）2.8cm・（紅色）2.6cm正方形×各2片、（象牙色）2.8cm・2.6cm正方形×各3片、外側段（象牙色）3.4cm・（淡橘色）3.2cm正方形×各14片、（象牙色）3.4cm・（紅色）3.2cm正方形×各4片、（象牙色）3.4cm・3.2cm正方形×各6片
底座／半球形底座（直徑3.5cm）1個
花蕊／鏤空花片・串珠 各1個
※使用輕目羽二重布。

作法 → P64,68

萬壽菊（二重三段劍撮）

成品尺寸 寬4.5cm

布料／花瓣：內側段（櫻花色）1.6cm・（牡丹色）1.4cm正方形×各10片、中側段（櫻花色）2.2cm・（牡丹色）2cm正方形×各10片、外側段（櫻花色）2.8cm・（牡丹色）2.6cm正方形×各20片
底座／半球形底座（直徑2.5cm）1個
花蕊／多顆型寶石底座 1個、水晶鑽 適量
※使用輕目羽二重布。

作法 → P64,68

花串髮簪

（二重圓撮・梅花）

尺寸、材料與P76的花串髮簪相同，僅花瓣顏色改變。

主花・小花（象牙色）4朵・（油菜花色）1朵・（柳樹色）7朵
垂穗・小花（象牙色）7朵・（油菜花色）1朵・（柳樹色）1朵

作法 → P76

©Fun手作 103

優雅大人風の
典藏版和風布花（暢銷版）

作　　　者／桜居せいこ
譯　　　者／楊淑慧
發　行　人／詹慶和
選　書　人／Eliza Elegant Zeal
執　行　編　輯／陳姿伶
編　　　輯／蔡毓玲・劉蕙寧・黃璟安
封　面　設　計／韓欣恬・陳麗娜
美　術　編　輯／周盈汝
內　頁　排　版／韓欣恬
出　　　版　者／雅書堂文化事業有限公司
發　　　行　者／雅書堂文化事業有限公司
郵政劃撥帳號／18225950
戶　　　名／雅書堂文化事業有限公司
地　　　址／220新北市板橋區板新路206號3樓
網　　　址／www.elegantbooks.com.tw
電　子　信　箱／elegant.books@msa.hinet.net
電　　　話／(02)8952-4078
傳　　　真／(02)8952-4084

2016年1月初版一刷
2022年5月二版一刷 定價 320 元

TSUMAMI ZAIKU NO HON
©SEIKO SAKURAI 2013
Originally published in Japan in 2013 by SEIBIDO SHUPPAN CO., LTD.
Chinese translation rights arranged through TOHAN CORPORATION,
TOKYO.
and Keio Cultural Enterprise Co., Ltd.

經銷／易可數位行銷股份有限公司
地址／新北市新店區寶橋路235 巷6 弄3 號5 樓
電話／(02)8911-0825
傳真／(02)8911-0801

國家圖書館出版品預行編目(CIP)資料

優雅大人風の典藏版和風布花/桜居せいこ著；
楊淑慧譯. -- 二版. -- 新北市：雅書堂文化事業有
限公司, 2022.05
　　面；　公分. -- (Fun手作；103)
ISBN 978-986-302-627-3(平裝)

1.CST: 花飾 2.CST: 手工藝

426.77　　　　　　　　　　　111005257

STAFF

書　籍　設　計／望月昭秀・境田真奈美（NILSON）
拍　　　攝／公文美和（封面・P.2至P.37）
　　　　　　　大塚七恵・酒井豊（process）
造　形　師／久保百合子
文　　　字／中居祥子（P.8至P.23）
造型搭配&插畫／花島ゆき
編　輯　協　力／茶木真理子
企　畫・編　輯／成美堂出版編輯部（森香織）

Tsumami Zaiku Book

Tsumami Zaiku Book

Tsumami Zaiku Book

Tsumami Zaiku Book